Das Buch erscheint in Kooperation mit der Stiftung Leben & Umwelt/ Heinrich-Böll-Stiftung Niedersachsen.

ClimatePartner.com/53585-1805-1001

Selbstverpflichtung zum nachhaltigen Publizieren

Nicht nur publizistisch, sondern auch als Unternehmen setzt sich der oekom verlag konsequent für Nachhaltigkeit ein. Bei Ausstattung und Produktion der Publikationen orientieren wir uns an höchsten ökologischen Kriterien.

Dieses Buch wurde auf 100 % Recyclingpapier, zertifiziert mit dem FSC®-Siegel und dem Blauen Engel (RAL-UZ 14), gedruckt. Auch für den Karton des Umschlags wurde ein Papier, das FSC®-ausgezeichnet ist, gewählt. Alle durch diese Publikation verursachten CO2-Emissionen werden durch Investitionen in ein Gold-Standard-Projekt kompensiert. Die Mehrkosten hierfür trägt der Verlag. Mehr Informationen finden Sie unter: www.oekom.de/ nachhaltiger-verlag

Bibliografische Information der Deutschen Nationalbibliothek: Die Deutsche Nationalbibliothek verzeichnet diese Publikation in der Deutschen Nationalbibliografie; detaillierte bibliografische Daten sind im Internet über http://dnb.d-nb.de abrufbar.

© 2020 oekom verlag München
Gesellschaft für ökologische Kommunikation mbH
Waltherstraße 29, 80337 München

Texte: Dr. Marie-Luise Braun, www.agentur-wortgewandt.de

Fotos: Ulrich Wessollek, www.wilmawirbt.de ‖ Außerdem: Titelfoto und Fotos Pamela Niazi, Seite 80-91: Stephanie Jegliczka ‖ Porträt Dr. Marie-Luise Braun, Seite 11: Angela von Brill ‖ Grafik Männerquote/Frauenquote Seite 14: Katja Berlin, veröffentlicht in „Die Zeit" am 27. Februar 2020 ‖ Porträt Antje Boetius, Seite 53: Daniel Feistenauer, www.danielfeistenauer.de ‖ Cinderella-Kostüm, Seite 65: Het Nationale Ballet, Amsterdam 2012, Kostümdesign: Julian Crouch, Choreograf: Chris Wheeldon, Foto: Jean Pascal Zahn: www.jeanpascalzahn.de ‖ Foto Hiltrud Werner, Seite 155: Volkswagen AG ‖ Foto Prof. Dr. Gudrun Sander, Seite 162: Natalie von Harscher Fotografie, Seite 171: Anna-Tina Eberhard Fotografie, Seite 167: Martin Plitzko, AUDI AG

Satz und Layout: Stephanie Jegliczka
Korrektorat/Lektorat: Nikola Dicke; Anke Benstem
Druck: Friedrich Pustet GmbH & Co. KG

Alle Rechte vorbehalten
ISBN 978-3-96238-228-5

Marie-Luise Braun

SPITZEN KRÄFTE

Porträts von Frauen
in Führungspositionen

Warum Vorbilder so
wichtig sind

6 ——— **Dr. Marie-Luise Braun**

Allein unter
Naturwissenschaftlern

16 —— **Natalie Müller-Elmau**
3sat-Koordinatorin

Der Schritt heraus ist
der nach vorne

26 —— **Katja Diehl**
Inhaberin „She drives mobility",
Mobilitätsberaterin

Über Hauptweg und
Nebenwege

36 —— **Julia Kümper**
Geschäftsführung VentureVilla,
Geschäftsführende Gesellschafterin
Match-Watch

Die kluge Frau und
das Meer

48 —— **Prof. Dr. Antje Boetius**
Leiterin des Alfred-Wegener-Instituts,
Meereswissenschaftlerin

Kunst mit Nadel und Faden

60 —— **Angelika Nowotny**
Inhaberin „das gewand",
Gewandmeisterin

Inhalt

Die Bullen und die Bäuerin
70 — **Anja Hradetzky**
Landwirtin

Reinspringen und
losschwimmen
80 — **Pamela Sherin Niazi**
Regionalleiterin
Pharmaunternehmen Biogen

Die Brückenbauerin
92 — **Dr. Ellen Ueberschär**
Vorstand Heinrich-Böll-Stiftung

Auf der Spur
des grünen Fadens
104 — **Dr. Julia Verlinden**
Mitglied des Bundestages für
Bündnis 90/Die Grünen

Menschenrechte im Fokus
114 — **Anna Ramskogler-Witt**
Direktorin des Human Rights Film
Festival Berlin

Mit dem Wind der Chancen
126 — **Christine Tecklenburg**
Inhaberin „Interieur & Meer",
Segelmacherin

Komplexen Abläufen
Struktur geben
138 — **Anna Dollinger**
Projektmanagerin

Gesellschaft bewegen
und gestalten
150 — **Hiltrud Dorothea Werner**
Vorstand der Volkswagen AG

„Es ist ungleich spannender,
selber gestalten zu können"
162 — **Die Unternehmensberaterin und
Titularprofessorin Dr. Gudrun Sander,**
Betriebswirtschaftslehre mit besonderer Berücksichtigung des Diversity
Managements, Universität St. Gallen,
im Interview mit Dr. Marie-Luise Braun

Einfach machen
172 — **Dr. Marie-Luise Braun**
Die Essenz aus den 13 Gesprächen

182 — **Literatur**

187 — **Dank**

Dr. Marie-Luise Braun

Eine Beraterin, die sich in der männerdominierten
Mobilitätsbranche ein erfolgreiches Business aufbaut.
Eine Landwirtin, die ohne eigenes Grundstück und
ohne Kapital einen Betrieb gründet. Eine Schwangere,
die als neue Geschäftsführerin eingestellt wird.
Eine 23-Jährige, die von einem alteingesessen Handwerker

Warum Vorbilder so wichtig sind

die Werkstatt übernimmt und erfolgreich weiterführt.
Eine Vorständin, die für weltweit 671.000 Kolleginnen
und Kollegen verantwortlich ist. Eine Gewandmeisterin,
die als erste in Deutschland einen Betrieb ohne
direkte Bühnenanbindung gründet …

Vorbilder

Weibliche Spitzenkräfte gibt es in den unterschiedlichsten Positionen und Branchen. Dieses Buch stellt einige von ihnen vor – und zeigt damit Wege auf.

Weibliche Vorbilder helfen. So ist es zu lesen und zu hören von Frauen, die sich auf den Weg in die Führungsebene gemacht haben. Sie fühlen sich davon inspiriert, wie andere Frauen aufsteigen, wie diese sich darauf konzentrieren, was sie können und wollen, wie sie Beruf und Familie koordinieren, wie sie führen, wie sie nach Niederlagen aufstehen. Es ist viel leichter, sich eigene Ziele zu setzen, wenn jemand anderer ähnliche bereits lebt.

Vorbilder weisen in die Zukunft. Sie machen das anschaulich, was Realität werden soll. Sie sind Entwürfe für das eigene Leben. Dabei unterstützen Vorbilder ganz praktisch: Frauen gehen häufiger in den Wettbewerb mit anderen, wenn sie andere Frauen dabei beobachtet haben. Sie schneiden bei Tests besser ab, wenn sie von Frauen angeleitet werden. Geschlechtszuschreibungen bei Berufen können bei Mädchen und Jungen durch Rollenvorbilder reduziert werden.

Aber auch aus einem anderen Grund brauchen wir weibliche Vorbilder: „Oft können sich selbst gut qualifizierte Frauen schlichtweg nicht vorstellen, dass diese Toppositionen überhaupt für sie in Frage kommen", heißt es in Spektrum der Wissenschaft. Und: „Damit Potenzial entfaltet werden kann, braucht es mehr Mutmacher in Unternehmen", betont der Neurobiologe Gerald Hüther in einem Interview. Die Quellen für solche Hinweise befinden sich hinten im Buch.

Um mehr Frauen in Führung zu bringen, müssen Frauen mit Leitungsfunktion also stärker sichtbar werden. Wir müssen die Geschichten dieser Frauen erzählen. Denn: Weibliche Vorbilder fehlen. „Bei Vielfalt in der Führung ist Deutschland Entwicklungsland", schreibt die Allbright-Stiftung 2019. Der Frauenanteil in den Vorständen der 160 börsennotierten Unternehmen Deutschlands beträgt insgesamt 9,3 Prozent, in den Aufsichtsräten 31,5 Prozent. Weitet man den Fokus auf Positionen wie Geschäftsführung und Führungskräfte in Handel, Produktion und Dienstleistung aus, liegt der Anteil von Frauen bei 29,4 Prozent (2018). Bei akademischen Berufen ist der Anteil insgesamt größer, speziell in MINT-Berufen (Mathematik, Informatik, Naturwissenschaften und Technik) niedriger. Im Gender Equality Index des Europäischen Instituts für Gleichstellungsfragen (EIGE) liegt Deutschland auf Platz zwölf – und mit der Punktzahl unter dem europäischen Durchschnitt. Dabei gibt es viele fachlich qualifizierte Frauen, die führen können und wollen.

Der Blick nach vorne

Darauf richtet sich der Fokus dieses Buchs. Es weist damit nach vorne. Es formuliert mögliche Wege und Lösungen für aktuelle Fragen. Beispielsweise, dass es möglich ist, sich gegen Ungerechtigkeiten in der Bezahlung zur Wehr zu setzen, Stichwort „Gender Pay Gap". Eine Bekannte bereitete sich beim Einstieg in ein Unternehmen auf die Gehaltsfrage vor. Als sie feststellte, dass sie als Führungskraft schlechter bezahlt werden sollte, weil sie eine Frau war, beschwerte sie sich bei der Geschäftsleitung – und erhielt das von ihr geforderte Gehalt. Bei einer Honorar-Verhandlung wurde mir gesagt, dass ich als verheiratete Frau doch nur dazuverdiene und nicht so viel Geld verlangen solle. Ein Fehler. Denn ich werde für meine gute Arbeit bezahlt und nicht für meinen Familienstand. Ganz so einfach war es bei einer anderen Frau nicht. Sie stieg gehaltstechnisch am unteren Ende bei einem Unternehmen ein – ihr fehlten die Informationen dazu. Als sie später in eine Führungsposition aufsteigen sollte, legten die Vorgesetzten die Messlatte für das neue Gehalt entsprechend tief an. Sie kannte aber inzwischen die Zahlen und versuchte zu verhandeln. Es gab eine Erhöhung, die ihr als großer Sprung verkauft worden sei. „Aber es war ja keine Gehaltserhöhung, sondern eine Veränderung, weil ich eine höhere Position mit sehr viel mehr Verantwortung bekommen hatte", erzählte sie mir. Sie wies immer wieder auf diese Lücke hin, wollte nachverhandeln. Sie warf sich beruflich ins Zeug, war sehr erfolgreich. Aber erst als sie einen neuen Vorgesetzten bekam, konnte sie sich durchsetzen. Ihr Gehalt wurde an das der Führungskräfte gleicher Ebene angepasst. Nach drei Jahren. Eine lange Zeit. Gehen wollte sie nicht, weil sie sich sehr wohl fühlte und sich entwickeln konnte. Nicht immer braucht es einen so langen Atem. Es lohnt sich, sich zur Wehr zu setzen – auch dann, wenn für die Ungleichheit nicht das Geschlecht der Grund ist.

Die anonymisierten Beispiele dieses Kapitels kommen von Bekannten. Sie möchten, dass andere Frauen davon profitieren, wollen aber anonym bleiben. Die Beispiele unterstützen das Ziel des Buchs: Wege aufzuzeigen. Denn es ist zwar gut, auf die aktuelle Situation aufmerksam zu machen. Aber dieses Hinweisen auf „zu wenige Frauen" und „es muss sich etwas ändern" reicht nicht – auch wenn es immer noch berechtigt ist. Die Wiederholungen manifestieren zudem die aktuelle Situation. Hilfreicher ist es zu gucken, wo Frauen handeln können. Ich halte es da mit dem US-amerikanischen Psychotherapeuten Steve de Shazer: „Das Reden über Probleme schafft Probleme. Das Reden über Lösungen schafft Lösungen."

Machen!

Durch das wiederholte Aufzeigen von Mängeln wird Frauen weiter die Opferrolle zugeschrieben. Das macht Frauen klein, statt sie darin zu bestärken, ihre Möglichkeiten zu leben, sagt die Philosophin Svenja Flaßpöhler. Selbstbestimmung darf nicht nur gefordert werden, sie muss Alltag sein. Dabei hilft es, bewusst mit der eigenen Sozialisation und Kultur umzugehen, um Fallen zu erkennen, sie zu umgehen und Missstände nicht persönlich zu nehmen.

Auseinandersetzung bindet Energie. Das gilt vor allem in Bezug auf Sexismus. Es hält von der inhaltlichen Arbeit und dem eigenen Vorankommen ab, wenn Frauen sich auf jeden Kommentar einlassen. Die promovierte Chemikerin und Wissenschaftsjournalistin („Quarks") Mai Thi Nguyen-Kim schreibt dazu: „Wie schön wäre es, wenn ich mich auf die Inhalte konzentrieren könnte. Wissenschaft ist meine Stärke, nicht mein Geschlecht." Es ist wichtig, sich die Konflikte auszusuchen, auf die man eingeht, und sich zum Beispiel in solchen Momenten stattdessen auf die Inhalte zu konzentrieren. Was also tun, wenn bei einer Besprechung der eigene Vorschlag unter den Tisch fällt, um kurz darauf von einem Kollegen präsentiert zu werden, der dafür gelobt wird? „Schön, dass Sie meinen Vorschlag von eben aufgreifen. Ich stelle mir die Umsetzung folgendermaßen vor...", sagt eine Bekannte dann. Den Ärger schluckt sie runter. Und sie unterstützt andere Frauen in ähnlichen Situationen, indem sie darauf hinweist, dass die Kollegin zuvor einen solchen Vorschlag gemacht hat. Bei spitzen Kommentaren hilft es nachzufragen, wie sie gemeint sind. Weil der Absender sich erklären muss. Das kann für ihn durchaus unangenehm werden. Aber es gilt auch sich zu fragen, ob der Mensch so wichtig ist, dass sich die Energie für eine Auseinandersetzung lohnt, erzählten mir Frauen aus ihrem Repertoire für Verhaltensweisen.

Claudia Kemfert, Leiterin der Abteilung Energie, Verkehr und Umwelt des Deutschen Instituts für Wirtschaftsforschung (DIW), wurde Anfang 2020 verbal angegriffen. Vier Herren hatten sie in einer Zeitung für ihre wissenschaftlich untermauerten Äußerungen zur Energiewende angefeindet. Sie trugen ihre Meinungen nicht wissenschaftlich-sachlich vor, sondern griffen Kemfert persönlich an. Sie machte ihre Sicht auf ihrer Webseite deutlich, um sich dann wieder ihrer Arbeit zu widmen und weiterhin die Ergebnisse zu kommunizieren.

Mai Thi Nguyen-Kim stellt zudem fest, dass alle ihre Freundinnen das so genannte Impostor-Syndrom kennen. Betroffene hegen große Selbstzweifel und befürchten, eines Tages dabei erwischt zu werden, dass sie eigentlich nichts können – trotz offensichtlicher Beweise.

Blockaden überwinden

Es kann auch andere Bremsen geben. Wer von Verwandten in abwertender Weise gesagt bekommt: „Du bist aber ehrgeizig", der glaubt vielleicht irgendwann, dass das nichts Gutes ist. Frauen, die hören, „Du hast einen richtigen Angeberlebenslauf", werden weniger von beruflichen Stationen erzählen und vielleicht ihre Träume einschränken, um gemocht zu werden. Frauen werden als „bossy" oder „zickig" tituliert, wo Männer als durchsetzungsstark gelten. Aber diese Frauen werden hoffentlich bald merken, dass solche Sätze wesentlich mehr über den Absender oder die Absenderin verraten als über die Adressatin. Neid treibt seltsame Blüten. Es prasseln die unterschiedlichsten Anforderungen auf Frauen ein, die sich auch noch widersprechen. Also: Wenn man schon nichts „richtig" machen kann, dann sollte man doch wenigstens den eigenen Weg gehen.

Persönlicher Erfolg beginnt im Kopf. Beschneidende Stimmen können verunsichern und ausbremsen. „Wir haben ganz bestimmte Verhaltensweisen inkorporiert in den Jahrhunderten des Patriarchats: Passivität, Gefallsucht, Minderwertigkeitsgefühle. Das führt dazu, dass wir auch in Situationen, in denen wir die Möglichkeit hätten, autonom zu handeln, genau das oft nicht tun", sagt Svenja Flaßpöhler in der „Zeit". Manchmal verhindern Glaubenssätze bereits, Chancen überhaupt wahrzunehmen. Es geht also um eine prinzipielle Einstellung. Auch die kann verändert werden. Dabei kann ein Mentoring helfen, wie es im letzten Kapitel erläutert wird. Mentoren und Mentorinnen öffnen die Augen für Möglichkeiten, für die eigenen Stärken, für nächste Schritte. Auch Organisationen wie arbeiterkind.de oder fantastische Podcasts wie „Rolemodels" von Isa Sonnenfeld and David Noël unterstützen dabei.

Bücher wie „Mindfuck Job" von Petra Bock helfen, Selbstblockaden zu erkennen und zu lösen. Zu solchen Blockaden zählen Sätze wie „Ich muss immer nett sein, immer fleißig sein, noch kompetenter werden, bevor ich befördert werden kann." Letztlich gewinnt aber immer der Gedanke, den man am meisten nährt. Eine Bekannte zieht das Bild eines Aasgeiers heran, den sie mit negativen Gedanken über sich selbst füttert. Er würde dann immer größer. Solche Vögel gehören auf Null-Diät gesetzt. Wiebke Köhler, Business-Coach, empfiehlt zudem ein Assertiveness-Training – ein Training für die Durchsetzungsstärke.

„Das prädominante Problem ist, dass Frauen die Kompetenz abgesprochen wird", resümiert Bea Knecht. Die Unternehmerin aus der Schweiz kann das aus beiden Geschlechter-Perspektiven beurteilen. Sie ist als Beat Knecht auf die Welt gekommen und transgender. Sie hat beispielsweise erlebt: „Eine Frau, die Technik fasziniert, passt nicht ins Bild." Eine Studie des United Nations Development Programme aus dem Jahr 2020 zeigt, dass weltweit neun von zehn Menschen Vorurteile haben gegenüber Frauen. Das bedeutet: Auch Frauen haben Vorurteile gegen Frauen.

Was gut tut

Sheryl Sandberg, die Co-Geschäftsführerin von Facebook, empfiehlt, sich bei negativen Glaubenssätzen zu fragen: „Was würde ich tun, wenn ich keine Angst hätte?". Und genau das dann zu machen. Beispielsweise eine Aus- oder Fortbildung zu beginnen. Eine Selbstständigkeit in die Wege zu leiten. Einen Job zu kündigen, der keine Freude mehr macht. Sich Menschen zu suchen, die einen unterstützen, wie es auch Michelle Obama in ihrer Biografie rät. Sandberg schreibt von einer Freundin, die beim Dating Männer darauf testete, ob sie es respektierten, dass sie Zeit für ihre Karriere braucht. Das tat sie, indem sie beispielsweise wegen beruflicher Termine ein Treffen verschob. Ich kenne eine Frau, die sich von Partnern trennte, die sie auf ihrem beruflichen Weg nicht unterstützt haben.

Hier steht die Frage im Raum, was zufrieden oder sogar glücklich macht. Gehören Kinder dazu? Oder gibt es andere Ziele im Leben? Eine Bekannte stellte sich diese Fragen mit Mitte 30, als sie ihre Karriere bereits darauf ausgerichtet hatte, eine Familie zu gründen. Sie fragte sich, was ihr Ziel ist und was sie von Gesellschaft oder Familie übernommen hat. Schließlich fand sie heraus, dass für sie zu einem erfüllten Leben enge Freunde, eine Partnerschaft auf Augenhöhe, Reisen und ein spannender

Beruf gehören. Heute sagt sie: „Mich stört diese einseitige Sicht, die leider immer noch viel gepredigt wird: ‚Dein Leben als Frau ist nur erfüllt und zufriedenstellend, wenn Du auch Mutter bist.‘ Heute kann ich sagen: Das stimmt einfach nicht." Bei solchen Entscheidungen gibt es kein richtig oder falsch. Es gibt nur den Weg, der individuell passt.

Nichts aufzuschieben und Chancen sofort zu nutzen, sind zwei Prinzipien von Ariane Reinhart. Sie ist seit 2014 Vorstand für Personal und Nachhaltigkeit bei der Continental AG. Einen solchen Posten hat Reinhart zunächst bei Volkswagen angestrebt und wollte nach ihrer Funktion als Personalleiterin in den Vorstand aufsteigen. Bei VW sei das nicht zu machen gewesen – denn dass sowohl sie als auch ihr Mann, der auch bei VW war, Karriere machen, sei bei dem Unternehmen nicht vorgesehen gewesen, sagt sie. Nun hat sie ihre Karriere woanders gemacht.

Wider den Perfektionismus

Ariane Reinhart sagt: „Frauen sind oft zu perfektionistisch. Vor einer Beförderung wollen sie oft noch dieses oder jenes Projekt machen, während Männer bei Bewerbungen Mut zur Lücke haben und sagen: ‚Ich schaffe das schon.'" Andere Personaler empfehlen, sich zu sagen, dass man Unbekanntes schon lernen wird und nach außen die Lust zu signalisieren, Herausforderungen meistern zu wollen. Zudem können Fehler dabei helfen, sich weiterzuentwickeln.

Sheryl Sandberg weist darauf hin, genau dahin zu gehen, wo Diskussionen geführt,

Entscheidungen getroffen werden. Wichtig sei dabei die Mikropolitik des Unternehmens: Wer hat was zu sagen, wo gibt es Allianzen, wie laufen die Regeln des Miteinanders? Wer diese Regeln aus kulturellem und rechtlichem Rahmen, Spezifika der Branche und der Firmenphilosophie verstanden hat, kann mitspielen – und sie später bewusst brechen, wie Isabell Nitzsche in „Spielregeln im Job" erläutert.

Frauen dürfen auch mal eine Chance ausschlagen, wenn diese gerade nicht in ihre Lebensplanung passt. Die Wirtschaftswissenschaftlerin Nicole Böhmer empfiehlt Frauen, bewusst zu gucken, was sie machen möchten und welche Konsequenzen das hat. Nicht nur mit Blick auf die Karriere, sondern auch auf den Ruhestand oder eine mögliche Trennung bzw. Scheidung. Aktuell sieht sie allerdings die Gefahr einer erneuten Traditionalisierung: Es gäben sich wieder mehr Frauen damit zufrieden, wenn der Mann mehr verdient. Sie bleiben zuhause, um sich um die Kinder zu kümmern. Wer das machen möchte, soll es tun. Aber eben überlegt. Mütter, die nicht arbeiten, können sich beispielsweise von ihrem Partner vertraglich zusichern lassen, die Lücke in ihrer Rente zu füllen.

Die gläserne Decke knacken

Ums Bewusstmachen geht es auch bei der Gläsernen Decke. Wer diese nicht kenne, laufe Gefahr, die vielen, zum Teil unsichtbaren Hindernisse auf dem Weg nach oben persönlich zu nehmen, schreiben Katja Kruckeberg und Felix Maria Arnet. Sie nennen drei Barrieren: Männliche Monokulturen in Unternehmen, die auf Präsenz und Verfügbarkeit und informelle Praktiken setzen, die Männer begünstigen und uneingeschränkte Flexibilität erwarten. Hinderlich ist auch die stärkere Förderung von Mitarbeitern durch männliche Vorgesetzte und die Erwartung einer ununterbrochenen Berufsbiografie. Und nicht zuletzt: Nicht-Vereinbarkeit von Beruf und Familie.

Ein Beispiel formuliert Christine Haderthauer, die Ex-Generalsekretärin der CSU – sie war es für ein Jahr: „Ich musste die Währung verstehen, die in einer männerdominierten Partei wie der CSU gilt. Und das ist – entgegen meiner anfänglichen Erwartung – eben nicht in erster Linie Sacharbeit, sondern vor allem Präsenz, Redeanteil, Status, Seilschaften." Solche Statusspielchen habe sie unterschätzt. Während Frauen von solchen Verhaltensweisen genervt seien, hätten Männer Spaß daran, sagt sie. Peter Modler verdeutlicht in seinen Büchern Strategien fürs Mitspielen – sofern eine Frau in ein Unternehmen geraten ist, in dem solche Dinge relevant sind. Es gibt glücklicherweise auch andere.

Eine andere Bekannte erlebte als Teamleiterin einen solchen Chef. Er setzte ihre Gruppe unter Druck, drohte mit Kündigung, verlangte Ansprechbarkeit rund um die Uhr. Das führte so weit, dass meine Bekannte ihrem Vorgesetzten den direkten Kontakt mit ihrem Team untersagte und fortan ständig vermittelte, um ihr Team zu schützen. Nach zwei Jahren kündigte sie. Der Chef versuchte, sie mit guten Angeboten zu halten. Sie klagte auf Auszahlung ihrer Überstunden. Mittlerweile hat sie eine Leitungsposition, in der sie sich wohlfühlt, sich entwickeln kann, sich mit spannenden Inhalten befasst. Und sie hat Vorgesetzte, denen Respekt kein Fremdwort ist.

Männer lernen Hierarchie-Denken früh, sagt Peter Modler. Als der Sohn einer Freundin etwa zehn Jahre alt war, beobachtete sie, dass er im Spiel einem Freund die Rolle des Chefs überließ. Er erklärte ihr später: „Wenn ich ihm sage, ‚du bist jetzt der Chef', dann kann ich doch auch nachher bestimmen, dass er nicht mehr der Chef ist.'" Modler empfiehlt, Machtspiele nicht so ernst zu nehmen. Eine Frau, die oben angekommen ist, kann das: „Ich glaube, dass man als Politikerin einstecken können muss, dass man diesen Beruf nur ausüben kann, wenn man nicht zu schnell getroffen ist. Man muss sich auf die Sachaufgaben konzentrieren. Den Rest nehme ich zur Kenntnis", sagt Angela Merkel.

Frauen und Frauen

Es sind nicht nur Männer, die Frauen beruflich behindern. Das machen auch Frauen. Sie beißen Konkurrentinnen weg oder legen jüngeren Kolleginnen Steine in den Weg, damit diese es genauso schwer haben wie sie. Christine Lagarde, die Präsidentin der Europäischen Zentralbank, hatte sich 1979 bei einer Anwaltskanzlei mit einer weiblichen Partnerin beworben. Sie habe diese Frau gefragt, ob sie erwarten könne, eines Tages ebenfalls Partnerin zu werden. Daraufhin habe diese ihr signalisiert, dass sie genauso sehr leiden würde, wie sie selbst auf ihrem Weg an die Spitze. Lagarde suchte sich einen anderen Arbeitgeber und schwor sich, es später anders zu machen.

Warum freuen sich manche Frauen über die Misserfolge anderer Frauen, statt sich mit ihnen zu solidarisieren und gemeinsam daran zu arbeiten, die Strukturen zu ändern? Glücklicherweise erkennen immer mehr Frauen den Wert guter Netzwerke und eines unterstützenden Miteinanders. Auch darum geht es im letzten Kapitel des Buchs.

Die Quotenfrage

Es wurde schon so viel über das Thema Gleichstellung diskutiert. Es ist Zeit, mehr Druck zu machen. Dazu gehört auch eine temporäre Frauenquote. Denn ohne dauert Veränderung viel zu lange, wie die Allbright-Stiftung vorrechnet: „Wird das jetzige Tempo beibehalten, ist ein 40-prozentiger Frauenanteil in den Vorständen in 22 Jahren erreicht." Bislang gibt es in vielen Bereichen eine (unausgesprochene) Männerquote. Wiebke Köhler schreibt: „Echte Gleichberechtigung ist erst erreicht, wenn Frauen genauso große Miststücke sein können

wie Männer." Wenn also weibliche und männliche Verhaltensweisen nicht unterschiedlich bewertet werden. Gleichstellung ist erst erreicht, wenn wir keinen Weltfrauentag mehr brauchen, wenn es normal ist, dass eine Frau Vorständin wird, wenn wir Jahrestage wie „100 Jahre Frauenwahlrecht" nicht mehr feiern, sondern uns verwundert die Augen reiben, dass Frauen früher nicht wählen durften. Mit Unternehmen, die sich die Maßgabe „Null Frauen im Vorstand" gesetzt haben, geht das nicht.

Mehr Frauen in Führungspositionen würden weitere Veränderungen nach sich ziehen. So müssten Unternehmen zwangsläufig eine bessere Vereinbarkeit von Familie und Beruf ermöglichen. Denn so kann es nicht weitergehen: Die Westwing-Gründerin Delia Lachance musste sich im März 2020 vorübergehend von der Spitze des Unternehmens zurückziehen, weil sie ein Kind bekommen hat. Westwing teilte mit: „Die rechtlichen Rahmenbedingungen in Deutschland sehen für Vorstandsmitglieder von Aktiengesellschaften aktuell nicht die Möglichkeit vor, Mutterschutz sowie Elternzeit in Anspruch zu nehmen." Und auch für die anderen Ebenen gilt: Wenn sich Mitarbeiterinnen und Mitarbeiter weniger Sorgen um Familienorganisation machen müssen, setzt das Kräfte frei. Hier ist auch die Politik gefragt.

Je diverser Unternehmen in der Führung aufgestellt sind, desto besser gelingt die Ausrichtung von Produkten und Dienstleistungen auf unterschiedliche Bedürfnisse und Anforderungen – und damit ist nicht gemeint, alles in rosa und blau anzubieten. Diversität macht Unternehmen widerstandsfähiger gegen Krisen. Sven Hagströmer hat die Allbright-Stiftung gegründet, weil er überzeugt ist, dass Unternehmen mit Männern und Frauen an der Spitze erfolgreicher seien. Länder, die von Frauen geführt werden, haben die bessere Strategie gegen die Corona-Pandemie, zeigte sich Mitte April 2020. Forschung muss diverser aufgestellt werden. Caroline Criado-Perez zeigt in „Die unsichtbare Frau" auf, dass Studien geschlechtsspezifische Unterschiede nicht berücksichtigen. Deshalb wurde vieles so entwickelt, dass es für Männer passt und für Frauen eben nicht. Das gilt für Alltagsprodukte über Medizin bis hin zu Sicherheitsstandards. Die Folgen können tödlich für Frauen sein.

Von einer Änderung profitiert die Gesellschaft. Die kann es sich folglich nicht leisten, auf das Potenzial hochqualifizierter Frauen zu verzichten. Wir brauchen hier gar nicht den Fachkräftemangel zu bemühen. Firmen, die Gleichstellung leben, tragen dazu bei, die Gesellschaft zu verändern: Hin zu mehr Fairness und Vielfalt, mit zufriedeneren Menschen. Das ist ein Erfolgsfaktor, der über die herkömmliche Gewinnmaximierung hinausgeht.

Ich bewundere junge Frauen, die gelassen auf Mansplaining oder altväterliches Verhalten reagieren. Wie selbstverständlich sie fordern. Manche von ihnen halten eine Frauenquote für überflüssig. Ich hoffe, sie haben recht. Aber hört man sich um unter Frauen, die mehrere Jahre Berufserfahrung haben, zeigt sich, dass Leistung allein noch nicht ausreicht, um beruflich weiterzukommen. Frauen stoßen an die gläserne Decke, immer noch. „Als junge Frau denkst du noch, du bist gleichberechtigt. Dass das nicht so ist, bemerkst du erst

Was in Unternehmen zu Kompetenzmangel führen kann

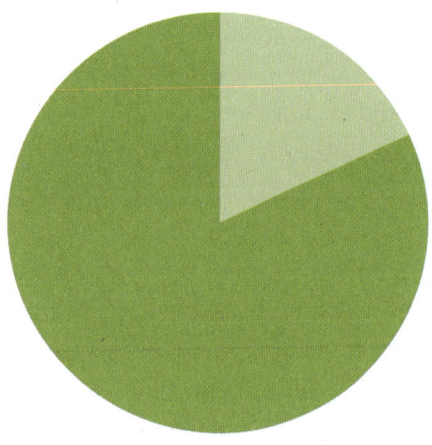

die Frauenquote

die Männerquote

später", sagt Christine Haderthauer in einem Interview über ihre Zeit als CSU-Generalsekretärin. Wenn Seilschaften und alte Denkmuster so stark sind, kann nur eine Quote dabei helfen, dass beide Geschlechter gleiche Chancen haben.

Manche argumentieren gegen die Quote, weil Frauen auf diese Weise über eine Alibi-Funktion in Führung kämen. Aber: Einer Frau, die nichts kann, hilft eine Quote auch nicht in die Führung. Sie kommt mithilfe der Quote in Führung, weil sie etwas geleistet hat, weil sie gut ist, weil sie motiviert ist, weil sie etwas kann. Und weil sie überzeugt.

Die öffentliche Wahrnehmung zum Umgang mit Frauen hat sich geändert – auch dank neuer Medien. Hier wird lebhaft reagiert, wenn Vorstandsposten nur mit Männern besetzt werden, wenn auf Tagungs-Panels keine Frauen sitzen, wenn Veranstaltungen nur männliche Keynote-Speaker haben. Es gibt Männer, die sich weigern, bei so etwas dabei zu sein. Der Schauspieler Benedict Cumberbatch nimmt keine Rolle in Produktionen an, in denen die weibliche Hauptrolle nicht gleich gut bezahlt wird. Anneke Kim Sarnau erhielt als Hauptdarstellerin im Polizeiruf 110 einige Jahre weniger Gage als ihr Partner Charly Hübner. Sie fordert, eine Zeitlang den Spieß umzudrehen, um Dinge sichtbar zu machen: Männer bekämen weniger Gage, Gehalt, Lohn und müssten begründen, warum sie für die gleiche Arbeit das gleiche Geld bekommen sollen wie Kolleginnen. So etwas verdeutlicht die Absurdität im Umgang mit Frauen.

Ich mag diesen Perspektivwechsel. Warum fangen wir nicht mit dem eigenen Selbstbewusstsein an und betrachten die Quote als selbstverständlich, wie es manchen als selbstverständlich gilt, dass Männer besser bezahlt werden? Warum rechtfertigen sich Frauen dafür, dass sie Dinge anders machen möchten, als sie bisher gewesen sind? Diese Selbstverständlichkeit zeigen auch die 13 porträtierten Frauen.

Zu diesem Buch

Ein Buch über Frauen in Führungspositionen zu schreiben, stand nie auf meiner Agenda – obwohl ich Ungerechtigkeiten im Beruf erlebt habe, ein weibliches Vorbild und eine Mentorin mir fehlten. Dann kam #metoo, es folgte #timesup. Ich las, diskutierte, beschäftigte mich mit Studien. Das führte zu zwei Gedanken. Nummer eins: Klagen ist gut und richtig. Aber wir müssen mehr handeln. Gedanke zwei: Es gibt weibliche Vorbilder. Wir können an ihrem Bespiel lernen, was möglich ist. So entstand die Idee zum Buch.

13 ganz unterschiedliche Frauen stelle ich auf den folgenden Seiten vor. Im Anschluss beantwortet Prof. Dr. Gudrun Sander Fragen zum Thema Frauen in Führung. Sie ist Titularprofessorin für Betriebswirtschaftslehre mit dem Schwerpunkt Diversity Management an der Universität St. Gallen. Abschließend folgt eine Essenz, die Gedanken und Beobachtungen aus den Interviews zusammenfasst – als Inspiration, den eigenen Weg zu finden.

Wer noch zaudert, dem sei ein Zitat von Claudia Kemfert mit auf den Weg gegeben: „Bewirken ist besser als aushalten."

Natalie Müller-Elmau ist Leiterin des Fernsehsenders 3sat.
Seit ihrer Jugend wollte sie Journalistin werden.

Allein unter Naturwissenschaftlern

Als sie feststellte, dass ihr das Management stärker liegt,
wechselte sie in diese Ebene – blieb aber in den Medien.
Ihr Motor ist die Neugier. Sie langweile sich schnell, sagt sie.

Natalie Müller-Elmau

D as ZDF-Gelände mutet an wie ein Satellit. Es liegt abseits, etwa sieben Kilometer entfernt vom Mainzer Hauptbahnhof auf dem Lerchenberg. Die Straße führt durch Felder, kleine Wohnviertel, Industrie und Handel. In einem Hochhaus des Zweiten Deutschen Fernsehens, in einem oberen Stockwerk, ist Natalie Müller-Elmau in ihrem Büro zu finden. Sie ist die Chefin des Fernsehsenders 3sat, der von der ARD, dem ORF, dem SRF unter der Federführung des ZDF gestaltet wird. „Ich manage den Sender, ich leite ihn strategisch und stoße die Weiterentwicklungen an", sagt sie. Weil sie das in Abstimmung mit den Partnersendern macht, heißt ihre Position offiziell „3sat-Koordination".

Dass sie eines Tages einmal in einer solchen Funktion arbeiten wird, war nicht geplant. Denn zum einen wollte Natalie Müller-Elmau eigentlich Journalistin werden, und das bereits in der Pubertät. Zum anderen ist ihr Elternhaus künstlerisch geprägt. „Ich komme aus einer Familie, bei der alle beim Theater sind – außer mir." Ihr Vater ist der Schauspieler und Regisseur Markwart Müller-Elmau, die Schauspielerin Katharina Müller-Elmau ist ihre Cousine. Ihr Urgroßvater, der Philosoph Johannes Müller, hat Schloss Elmau gegründet. „Auch das ist in seinen Ursprüngen ein durch und durch kultureller Ort. Meine Urgroßmutter war Bildhauerin, meine Großmutter Sängerin", zählt sie auf. Von ihrer Familie habe es aber keinerlei Erwartungsdruck gegeben, was ihre Berufswahl betrifft. Es sei relativ früh klar gewesen, dass sie studieren wollte. „Aber wenn ich Klempnerin geworden wäre, wäre das auch vollkommen okay für meine Eltern gewesen. Ich wurde nie in Rollen reingezwungen. Ich bin Führungskraft geworden und meine Eltern sind sehr stolz auf das, was ich erreicht habe." Und sie sagt: „Dass ich nie Erwartungen erfüllen musste, gibt einem eine enorme Freiheit. Heute bin ich übrigens deutlich zielstrebiger als früher." Der Grund sei ihre Rolle in der Führungsetage eines Senders.

Ihr Ziel sei es, den Sender voranzubringen. „Dafür muss man ihn klar positionieren und versuchen, in den verschiedenen Genres voranzukommen", erläutert sie. Hilfreich sei es dafür, bei einem Sender zu arbeiten, dessen Programm sie sich auch privat ansehen würde. Bei der inhaltlichen Gestaltung und bei der Ausrichtung von 3sat kommen der 1969 in Düsseldorf Geborenen ihr familiärer Hintergrund und ihr Studium zugute: „Wir betrachten bei 3sat die Gesellschaft durch den Blick von Wissenschaft und Kultur."

Natalie Müller-Elmau hat Amerikanistik, Publizistik und Politikwissenschaft studiert. Sie ist Geisteswissenschaftlerin – und genau deswegen musste sie sich in einer Position besonders beweisen. Als sie 2006 Sendereihenleiterin von „Abenteuer Wissen" beim ZDF wurde, stieß sie in der Redaktion auf Physiker, Chemiker und Mathematiker. Zudem sei sie jünger gewesen als die meisten Mitarbeiter dort. Natalie Müller-Elmau erinnert sich: „Es war für die Kollegen auf den ersten Blick nicht so ersichtlich, warum ausgerechnet ich ihre Chefin werde." Anfangs sei die Zusammenarbeit deshalb hart gewesen, weil sie beweisen musste, dass es eine gute Entscheidung war, sie auf den Posten zu setzen. „Ich habe ihnen gezeigt, dass ich natürlich ihre Expertise brauche, auch wenn ich eine andere Sichtweise mit reinbringe. Und dass ich Kollegen führen kann, die fast alle deutlich älter sind als ich." Das habe sie in den ersten Monaten „viele, viele schlaflose Nächte" gekostet. Aber: Danach habe ihr nichts mehr passieren können. Es habe das gesamte Team sehr zusammengeschweißt.

Studiert hat die 3sat-Leiterin ihre Fächer auf den Rat eines leitenden Journalisten des SWR, den sie im Alter von 15 oder 16 Jahren in einem Urlaub kennen gelernt hatte. Ihn hatte sie gefragt, wie man Journalistin wird. „Er riet mir, was ich heute auch raten würde: ,Studiere erstmal das, was Dich interessiert.'" Und so hat sie es nach dem Abitur auch gemacht. Während ihres Studiums hat Natalie Müller-Elmau als Hospitantin und freie Mitarbeiterin praktische Erfahrungen im Journalismus gesammelt und ein Volontariat angeschlossen. „Ich wollte Fernseh-Redakteurin werden und habe verschiedenste Stationen absolviert." Auch im Hörfunk hat sie zuvor gearbeitet.

Senderchefin bei 3sat ist sie seit Januar 2018. Hierhin ist sie nach verschiedenen Stationen beim ZDF gelangt, auch in Führungsfunktionen. Wie erfolgte die Vorbereitung auf diese Rolle? „Es gibt beim ZDF Führungskräfteseminare. Die geben einem ein gutes theoretisches Gerüst. Aber letztendlich ist es learning by doing." Zudem hat sie in ihren Stationen Erfahrungen gesammelt. Sie sehe es beispielsweise als wichtig an, zu Fehlern zu stehen, die Verantwortung dafür zu übernehmen – und sich auch mal bei einem Mitarbeiter zu entschuldigen. „Als sehr kommunikativer Mensch möchte ich ande-

UMGANG MIT
HINDERNISSEN

MOTIVATION

ANSPRUCH AN
FÜHRUNG

re in den Entscheidungen mitnehmen. Aber da wurde ich mit den Jahren skrupelloser. Wenn also heute manche meine Entscheidung nicht gut finden, dann ist das halt so. Weil man alles irgendwann entscheiden muss. Aber man muss auch dazu stehen, wenn man etwas falsch macht."

MENTOREN

Ein Vorbild für ihre Führungsrolle hatte sie nicht. „Aber ich habe mir natürlich bei meinen Vorgesetzten Dinge abgeguckt. Führungsweisen, die ich clever fand, habe ich übernommen." Mentoren habe es auch nicht gegeben, aber: „Ich denke, meine Vorgesetzten schätzen meine Arbeit und haben mich unterstützt." Strukturiert, ordentlich und verantwortungsvoll sei sie schon immer gewesen. „Meine Mutter erzählt gern die Geschichte, wenn sie mich früher auf den Spielplatz geschickt hat mit Eimerchen, Schäufelchen und Förmchen. Dann kam ich immer mit Eimerchen, Schäufelchen und Förmchen wieder nach Hause. Ich habe gespielt, mit den anderen Kindern geteilt, aber am Ende alles eingesammelt und mit nach Hause gebracht." Bedingt durch den Beruf ihres Vaters ist die Familie häufig umgezogen, so dass sich Natalie Müller-Elmau immer wieder auf neue Menschen einstellen musste.

MOTIVATION/ STRATEGIE

Zu ihren Aufgaben gehört es heute nicht nur, zu gestalten und zu netzwerken. Auch Kommunikation ist ein wichtiger Teil der Arbeit. Sie müsse viel mit den Partnersendern abstimmen, das falle ihr leicht und mache ihr Spaß. Ihre Aufgabe sei es, mit allen zu reden und sie zu überzeugen. Da könne man nicht mit einer Brechstange agieren, man brauche gute Argumente. Sie mache den Job nicht nur, um sich zu profilieren, sondern auch, weil sie gestalten könne. Die Arbeit erfülle sie. Und sie sagt auch: „Ich definiere mich sehr über das, was ich beruflich mache."

EXPERTISE

Es habe sie in ihrem Berufsleben immer vorangetrieben. „Wenn ich ein paar Jahre in einer Position war und sich die Arbeit anfing zu wiederholen, habe ich mich auf neue Stellen beworben. Dabei sei es ihr zunächst weniger um die hierarchischen Ebenen gegangen, als um neue Herausforderungen. „Ich langweile mich schnell." Aber sie habe auch Glück gehabt. So hat Thomas Bellut, als er Programmdirektor beim ZDF wurde, gefragt, ob sie seine Referentin werden wolle – und das hat sie dann ein paar Jahre gemacht. Sie hätte sich nicht von sich aus beworben: „Da hätte ich – das ist wieder so eine Frauensache – gesagt: ‚Ich weiß gar nicht, ob ich das kann.'" Als sie aber direkt gefragt wurde, habe sie ihre Bescheidenheit beiseitegelegt und zugesagt. Zumal die Anfrage in einem richtigen Moment kam. Sie war gerade in der Programmplanung eingesetzt – und hatte gemerkt, dass ihr das nicht

Um den Kopf frei zu bekommen,
geht Natalie Müller-Elmau mehrmals in
der Woche zum Joggen in den Wald.

liegt. Dieser vermeintliche Umweg kommt ihr jetzt zugute: Heute hilft ihr das Wissen, das sie damals sammelte, beim Management von 3sat. Sie selbst sei eher Sendungs- und Sendermacherin und blicke mit riesiger Hochachtung auf ihre Kolleginnen und Kollegen, die diese sehr analytische und theoretische Arbeit der Planung übernehmen.

Die „rasende Reporterin" sei sie nie so richtig gewesen. Das habe sie früh gemerkt: Als Reporterin musste sie live vor Ort im On berichten. Dabei habe sie mehr gestammelt als gesprochen. „Irgendwann ist man so schlau zu merken, worin man gut ist. Ich würde sagen, in meinem jetzigen Job bin ich wesentlich besser. Aber auch hier mache ich nicht alles richtig. Nicht jede Entscheidung, die ich treffe, ist ein Knaller." Da sei es wichtig, offen damit umzugehen. Allerdings habe sie – auch hier – auf ihrem Weg einiges mitgenommen, was sie auch in ihrer heutigen Position anwenden könne.

> „Irgendwann ist man so schlau zu merken, worin man gut ist."

„Das, was ich heute mache – mich mit Senderstrategie, -positionierung und Management auseinanderzusetzen, zu gucken, wohin der Sender sich entwickeln kann, wo wir Schwerpunkte legen wollen – das ist im Großen das, was eine Redakteurin für eine einzelne Sendung im Kleinen auch macht."

Reizvoll sei es, dass im Sender Vertreter von drei Ländern zusammenarbeiten und ein Programm erstellen. Auch hier ist sie mit ihrem geisteswissenschaftlichen Blick an der richtigen Stelle. „Es ist spannend, wie unterschiedlich wir in manchen Dingen denken und wie ähnlich in anderen Sachen. Das ist ein guter Abgleich und Austausch, der auch ein Mehrwert für die Zuschauer ist." Ihr mache es Spaß zu hören, wie Österreicher und Schweizer denken. Gerade den Blick durch verschiedene Kulturen findet sie spannend, um die aktuelle Weltlage mehrdimensional sehen und beurteilen zu können, und stellt sich die Frage: „Wie können wir als kleiner Sender das Angebot der anderen ergänzen?" Diese länderübergreifende Zusammenarbeit gefalle ihr vor allem auch „in einer Zeit, in der alles auseinanderdriftet."

Die eine Seite ihres Büros ist komplett mit einem Regal bestückt, das bis unter die Decke reicht. Genau gegenüber der Tür steht der Schreibtisch. An der Kopf- und an einer Längsseite des Büros ziehen sich große Fenster entlang, die den Blick freigeben auf die hügelige Landschaft um Mainz, ganz hinten ist die Stadt zu erkennen. Natalie Müller-Elmau ist auf ihr Gegenüber am großen runden Besprechungstisch konzentriert. Selten schweift ihr Blick aus den Fenstern.

Was würde sie jungen Frauen am Berufsanfang mit auf den Weg geben? „Offen durch das Leben zu gehen und sich nicht zu verbiegen. Ich habe an einem Punkt in meinem Arbeitsleben gemerkt, dass es besser ist, so zu bleiben, wie ich bin." Das seien zum Teil Kleinigkeiten. So habe sie früher Hosenanzüge im Job getragen, um ernst genommen zu werden. „Ich bin aber eher der Kleidertyp. Und ich bin blond, habe lange Haare. Na und! Wer mich deswegen unterschätzt, wird merken, dass er falsch liegt." Und Natalie Müller-Elmau betont: „Wenn man etwas erreichen will, dann muss man bei sich sein. Das ist in der Medienbranche sicherlich einfacher als in anderen Branchen. Ich bin entspannter mit dem, was ich tue, wenn ich bei mir bin. Ich muss mich wohlfühlen." Aus diesem Grund habe sie es sich auch abgewöhnt, ihre Reden mit Zitaten berühmter Persönlichkeiten zu schmücken. Und es gehöre auch dazu, einen Schnitt zu machen, wenn man merkt, dass es beruflich nicht weiter geht.

Und sie empfiehlt, zu netzwerken. Ein Punkt, den Männer bislang besser beherrschten als Frauen, denkt Natalie Müller-Elmau, aber hier habe sich bereits einiges verbessert. „Die meisten von uns haben kapiert, wie wichtig es ist, sich zu vernetzen und sich gegenseitig zu fördern." Mit Männern hat sie in der Hinsicht keine schlechten Erfahrungen gemacht – wohl aber mit Frauen. Und wie ist sie damit umgegangen? „Ich habe recht unsouverän reagiert und mich zurückgezogen." Sie habe damit nicht gerechnet, weil sie selbst anders ticke: „Ich mache keine Machtspielchen und ich verstehe nicht, warum andere das machen. Wenn ich etwas sage, dann meine ich das auch so. Da ist keine weitere Botschaft dahinter. Bei manchen Leuten heißt es ja, dass sie eine ‚hidden agenda' hätten. Ich habe so etwas nicht." Und auch hier bleibt sie bei sich und sagt: Wenn es ihre Karriere behindert, dass sie keine ‚hidden agenda' habe, dann könne sie damit leben. „Die Hauptsache für mich ist, dass mir das, was ich mache, Spaß macht." Heute gehe sie solchen Konflikten aus dem Weg. „Man merkt ja, wenn Leute so sind. Ich lasse mich darauf nicht ein."

„Offen durch das Leben gehen und sich nicht verbiegen."

Auf Gerüchte gibt sie ebenfalls nicht viel. Will sie denn gar nicht hören, was über sie gesagt wird? „Doch, das will ich schon wissen, ich bin ja neugierig. Ich versuche nur, mich davon nicht runterziehen zu lassen. Und da hilft es, zuhause mit dem Partner darüber zu sprechen und dann ist alles recht schnell nicht mehr so ernst und weltbewegend", sagt sie und lacht.

MENTORING

Sie selbst ist der Ansicht, dass Frauen im Beruf zusammenhalten müssen. So hat sie beispielsweise eine Studentin als Mentorin unterstützt. „Ich würde immer auch eine Frau empfehlen." Allerdings mache sie nicht so gern Unterschiede zwischen Männern und Frauen. „Aber wenn eine Frau in der Familiensituation ist und sich mancher fragt, ob sie einen Job dann auch machen kann, würde ich sie gerade dafür nehmen. Gerade Frauen in Teilzeit arbeiten oftmals mehr, wollen sich das aber nicht bezahlen lassen, weil sie nicht vor Ort sind. Frauen sind da einfach zu ehrlich."

WORK-LIFE-BALANCE

Und wie sieht es aus mit ihrer persönlichen Work-Life-Balance? „Ich arbeite viel. Mein Partner arbeitet auch viel. Ich habe keine Kinder, da ist das deutlich einfacher." Die Balance zu halten funktioniere dennoch gut. „Ich bin Läuferin und mache relativ viel Sport, um den Kopf frei zu kriegen. Und ich habe einen guten Freundeskreis, der mir hilft, am Boden zu bleiben."

Die Freude an der Arbeit habe sie vorangebracht. Diese Einstellung führt sie auch auf ihre Familie zurück. „Denn wenn man Schauspieler oder Regisseur ist, dann bedeutet der Beruf nie ‚Ich gehe da mal hin.' Es ist immer auch Berufung." Auch für sie sei der Beruf mehr als ein Job. Ihr gehe es hauptsächlich darum, dass 3sat gut dastehe. „Ob ich da Ruhm abkriege oder im Fokus stehe, ist gar nicht so wichtig. Das ist eher Beifang. Das ist nett, aber nicht so wichtig."

Eben weil der Sender so weit weg von der Stadt liegt, ist es Natalie Müller-Elmau ein besonderes Anliegen, den Kontakt zu den Zuschauerinnen und Zuschauern oder zum Rest der Welt nicht zu verlieren. Sie lese viel, natürlich Zeitung, informiere sich gezielt am Medienmarkt und verlasse gern und bewusst die herkömmlichen Pfade, schon um am Puls der Zeit zu bleiben.

Natalie Müller-Elmau

Jahrgang 1969

Natalie Müller Elmau ist seit
Januar 2018 3sat-Koordinatorin

Kontakt
Natalie Müller-Elmau
3sat
55100 Mainz

| 2008 bis 2017
Redaktionsleiterin der
Zentralredaktion und stellver-
tretende Hauptredaktionsleiterin
Geschichte und Wissenschaft

| 2006 bis 2008
Leiterin der Sendereihe
„Abenteuer Wissen"

| 2003 bis 2006
Referentin des
ZDF-Programmdirektors

| 2002 bis 2003
Redakteurin in der
Planungsredaktion des ZDF

| 1998 bis 2002
Schlussredakteurin,
Chefin vom Dienst und
Reporterin in der HR Aktuelles,
Redaktion „hallo Deutschland",
des ZDF

| 1997 bis 1998
Redakteurin und Moderatorin
in der Kulturredaktion des
deutschen Hörfunk-Programms
der Deutschen Welle

| 1996 bis 1997
Redaktionsvolontariat bei
der Deutschen Welle in Köln
und Berlin

| 1989 bis 1995
Studium der Amerikanistik, Publizistik und Politikwissenschaft
in Mainz, USA und Frankreich,
abgeschlossen mit dem Magister
Artium, Neben dem Studium
Hospitanzen und freie Mitarbeit
bei Zeitungen, Hörfunk,
Fernsehen und Theater

Katja Diehl ist Kommunikationsberaterin in der
Mobilitätsbranche – teils angestellt, teils selbstständig.

Der Schritt heraus ist der nach vorne

Ganz bewusst ist sie nach einer Krise aus der Führungsebene
einen Schritt zurück gegangen. Heute arbeitet sie nur noch für
Firmen, mit deren Zielen sie sich zu identifizieren vermag.

UMFELD/
FAMILIE

Eine kurze, beschauliche Straße in Lingen. Hier ist Katja Diehl gerade zu Besuch. Hier hat sie auch einen Teil ihrer Kindheit verbracht. Und so beginnt das Gespräch mit zwei Personen mehr als sonst. Ihre Eltern seien beide Vorbilder für sie, sagt Katja Diehl in der Runde bei Kaffee und Erdbeertörtchen. Danach folgt ein intensives Gespräch zu zweit über weibliche Sicht- und Denkweisen in einer männlich dominierten Branche.

Erst wenige Monate zuvor hat Katja Diehl den Arbeitgeber gewechselt. In Teilzeit arbeitet sie seither in Berlin. Die andere Hälfte ihrer Arbeitszeit ist sie selbstständig. Eigentlich macht sie das von Hamburg aus. Aber guckt man in ihren Terminkalender, ist sie sehr viel unterwegs. Fast immer mit dem Zug. Neue Mobilität ist eines ihrer drei Schwerpunktthemen, zu denen auch New Work und Diversity gehören. Dazu äußert sie sich nicht nur auf Tagungen und anderen Veranstaltungen. Sie betreibt einen Podcast, twittert, publiziert in Netzwerken und Magazinen. Meistens online. Sie engagiert sich außerdem ehrenamtlich im Vorstand des Verkehrsclubs Deutschland, ist Mentorin – und sie berät Unternehmen in Sachen Mobilität.

LIVE-WORK-
BALANCE

STRATEGIE

Woher nimmt sie die Energie für diese Aufgaben? Aus Ruhe und Rückzug, aus Menschen, die sie wachsen lassen, aus täglicher Meditation – und Dankbarkeit, erzählt Katja Diehl. Und: „Ich glaube, ich habe ein Viertel mehr Kraft als zuvor. Die zu spüren und für die mir wichtigen Dinge einsetzen zu können, ist ein echtes Geschenk", sagt sie über ihr neues Leben seit der letzten Festanstellung in Vollzeit. Sie genieße es, sich jetzt auf das Wesentliche – die inhaltliche Arbeit – konzentrieren zu können und eben nicht mehr in endlosen Sitzungen und Meetings festgehalten zu sein oder in Machtkämpfen Zeit zu verlieren: „Ich arbeite nur noch mit Unternehmen, mit deren Werten und Zielen ich mich identifiziere." Das klingt nach einem weiten Weg. Oder zumindest nach einem mit einigen Windungen.

MÄNNER
UND FRAUEN

„Mein erster ‚richtiger' Führungsjob hat meine Welt verändert – NIE hätte ich gedacht, dass ich mich überzeugt Feministin nenne und mich für eine temporäre Quote einsetze." Katja Diehl hat im Bereich Nachhaltigkeit vor allem in der Mobilität und der Logistik gearbeitet: „Meine Branche ist definitiv nicht führend, was Gleichberechtigung angeht." Die Mobilitätsbranche ist von Männern dominiert, Frauen erobern zwar immer mehr Führungspositionen, aber sie sind immer noch die Ausnahme. Junge Frauen zu inspirieren, die Branche als attraktiv zu entdecken, versuche sie mit ihrer Arbeit zu erreichen. Und einen weiteren Punkt nennt Katja Diehl: „Definitiv meint es nicht jeder Vorgesetzte ernst, wenn er dich auffordert, kritisch zu sein. Es sind viele in ihrer Komfortzone und wollen dort auch bleiben. Das musste ich erstmal verstehen und reflektieren." Sie habe lernen müssen, die Grenzen von Kritik zu erfahren und ihre Art der Kommunikation auf das Gegenüber abzustimmen. Gestolpert sei sie auch, als sie offen nicht nur über die Erkrankung eines nahestehenden Menschen gesprochen hat, sondern auch über ihre Überforderung, in dieser Situation allen gerecht zu werden. Ihrem Wunsch, Überstunden abzubauen, um für den

> „Ich mache andere sichtbar und groß, die das verdienen."

Menschen da zu sein, sei nicht entsprochen worden. „Im Anschluss hatte ich das Gefühl, dass es fast als Makel angesehen wurde, so offen mit einer belastenden Situation umzugehen." Heute habe sie im beruflichen Umgang mit Menschen zu tun, die Grenzen im Privatleben achten: „Das ist mir enormes Glück."

Als etwas „unfassbar Schönes" empfindet sie es, über ihr Leben verfügen zu können, sagt sie auf die Frage, ob sie Macht hat. Dazu zählt sie, selbst bestimmen zu können, was ihr Leben lebenswert mache: „Ich habe mein Leben in meinen Händen, fühle mich nicht mehr fremdbestimmt, sondern ganz bei mir." Und: „Ich ziehe fast nur noch Menschen an, die ich auch in meinem Leben haben möchte." Auch darin, nicht mehr dafür belächelt zu werden, was sie erreichen will, liege sehr viel Macht, sowie „Nein zu sagen zu Kunden, die nicht zu mir passen oder mich für wenig Geld buchen wollen." Sie gebe nicht mehr viel auf Menschen, die sie kleinmachen möchten, sondern höre auf Personen, die sie beflügeln. „Und ich mache andere sichtbar und groß, die das verdienen."

MACHT

Ihr beruflicher Werdegang wirkt – wie bei vielen anderen – stringent. Aber auch Katja Diehl sagt, sie habe keine langfristigen Pläne gemacht. Sie hätte nie gedacht, dass sie einmal dort steht, wo sie heute ist. Auch dieser berufliche Weg sei beim Gehen entstanden, durch Wachsen, Überlegen, neu Aus-

STRATEGIE

richten. Der Anspruch, Pläne machen zu müssen, habe sie beim Besuch von Führungskräfteseminaren gestresst. „Im Rückblick erst sehe ich, dass ich immer mal wieder innegehalten habe, wenn es sich beruflich nicht mehr gut anfühlte. Dann habe ich entweder den Arbeitgeber gewechselt oder innerhalb der Firma neue Aufgaben angenommen. So gesehen war es vielleicht Stringenz in der Reflektion meiner beruflichen Tätigkeit."

Es habe sie gestört, dass sie in „sehr kopflastigen Systemen unterwegs war, die den Bauch, das Gefühl eher unterdrückt haben". Katja Diehl findet das nicht richtig, weil Gefühle menschlich sind – egal in welcher Position. Entsprechend habe sie selbst geführt. Nach einer Krise ist sie bewusst aus der Führungsebene ausgetreten. Dass sie wieder eine Führungsposition wahrnimmt, ist aber nicht ausgeschlossen. Führung sei eine verantwortungsvolle Aufgabe, die sich oft nur „im Organigramm, in der Teilnahme an elitären Zirkeln wiederspiegelt" – und im Dienstwagen. Katja Diehl sieht es jedoch eher als wichtig an, Menschen zu fördern und mag es, wenn sie in ihrer Führungsrolle auch gefordert wird, weil andere Menschen eine andere Sicht auf die Dinge haben als sie selbst. Sie habe ein echtes Interesse an Menschen, was sich während ihrer Führungsaufgaben gut anfühlte und förderlich war: Das Feedback ihrer Mitarbeiterinnen und Mitarbeiter sei gut gewesen. Ein Mitarbeiter habe mal zu ihr gesagt: „Du führst so, dass ich es nicht merke." Katja Diehl empfindet das als großes Kompliment, zum einen, weil es ihre Führung anerkennt, zum anderen, weil sich ein Mensch bei ihr aufgehoben fühlt.

Das erste Mal übernahm sie eine Führungsposition, als ein Vorgesetzter gekündigt hatte. „Ich war seine Interimsnachfolge und habe ‚einfach mal gemacht' – und mich sehr wohl dabei gefühlt." In ihrem damaligen Unternehmen habe es keine Vorbereitung auf diese Aufgabe gegeben. Verunsichert sei sie nicht wegen der Kolleginnen und Kollegen gewesen, sondern weil sie kein Wissen über rechtliche Belange und betriebliche Vereinbarungen gehabt habe. Katja Diehl hat deshalb einen Kreis aus jungen Führungskräften initiiert. „Wir coachten uns gegenseitig und sprachen Probleme sehr offen an. Das war mir die größte Hilfe." Zudem habe sie sich extern coachen lassen: „Hier konnte ich systemisch auf bestimmte Details schauen, die mich verwirrten. So auch der Umgang mit weiblichen Führungskräften in einer Männerdomäne." Auch dadurch habe sie gelernt, mehr bei sich zu sein.

Die Eltern von Katja Diehl haben mit Beginn des Gesprächs das Wohnzimmer verlassen. Der Tisch ist abgeräumt. Das übrig gebliebene Erd-

Ihre Eltern bezeichnet Katja Diehl als ihre Vorbilder. Sie bewundert sie für ihre Fähigkeit zu Empathie und anderen Menschen das Gute zu gönnen, das ihnen wiederfährt.

beertörtchen steht jetzt in der Küche nebenan. Draußen ist es ruhig. Regen klopft an die Fenster.

UMFELD/
FAMILIE

Ihr Vater war leitender Finanzbeamter, ihre Mutter war lange Zeit in der Aidshilfe tätig. Aber nicht nur deswegen nennt Katja Diehl die beiden ihre Vorbilder: „Mein Vater ist meine Inspiration für beständige Neugier auf Neues, meine Mutter für ihr Interesse am Menschen. Beide sind für mich Vorbilder für Empathie und ‚Gönnen können'". Nicht immer würden ihre Eltern verstehen, was sie tut. Als sie beispielsweise zweimal in fünf Monaten den Job gewechselt habe, seien sie schockiert gewesen, was sich in Nachfragen geäußert habe: „Sie wollen verstehen, warum ich diesen Weg gehe, der in ihrer Welt riskant ist." Sie bewundere ihre Eltern dafür, von ihren eigenen Lebensentwürfen zu abstrahieren und zu sehen, dass ihre Tochter das tut, was sie glücklich macht. Aber nicht nur ihre Eltern sieht sie in dieser Rolle, sondern auch Freunde und andere Persönlichkeiten in ihrem direkten Umfeld:

VORBILDER

„Vorbilder sind für mich Menschen, die große Krisen überwunden und für sich genutzt haben. Die Scheitern nicht kennen, aber Chancen." Sie bedauert es, dass Lebensläufe mit Brüchen als gescheitert bewertet werden oder als nicht normal. Sie spricht von Kathrin Weßling, einer Schriftstellerin und freien Journalistin, die über ihre Depressionen schreibt und offen mit ihren Niederlagen umgeht. Und sie nennt Greta Thunberg, die als „nicht normal" bewertet werde, obwohl sie etwas Normales verdeutliche: Die Angst der Jugend um unseren Planeten.

ANSPRUCH AN
FÜHRUNG

Solche Dinge integriert Katja Diehl in ihre Führung, sie will damit die Diversität erhalten, die ein Team ausmacht: „Ich will nicht egalisieren, sondern stark machen in Stärken." Es geht ihr darum, dass ein Team voneinander lernt – das gelte auch für sie selbst. „Mir ist es wichtig, dass sich keiner über die Maßen verstellen muss und dass ich eine Atmosphäre schaffe, die echten Austausch ermöglicht. Dennoch muss klar sein, dass letztlich ich die Verantwortung trage – im Guten wie im Schlechten." So würde sie sich im Falle eines Scheiterns auch vor ihr Team stellen und die Kritik entgegennehmen. Führung verbinde sie mit einer Vergangenheit, die sie bewusst hinter sich gelassen habe: „Mit einem System, in dem nach meinen Maßstäben nicht geführt, sondern Macht verwaltet wurde. Das vermisse ich nicht."

MOTIVATION

Was sie antreibt, formuliert sie so: „Ich will die Welt besser machen. Und andere inspirieren, ihre Möglichkeiten zu sehen, an diesem Ziel mitzuarbeiten." In ihren früheren Kontexten sei sie dafür belächelt worden, und: „Der Sinn der

Arbeit wurde kaum thematisiert." Und auch nicht die Unsicherheit, ein großes, gesetztes Ziel zu erreichen. Es motiviere sie, mit Menschen zu arbeiten, die den gleichen Antrieb haben, wie sie selbst. „Die sich reflektieren in der Verantwortung, die sie an ihrem Platz im Leben tragen, beruflich und privat nicht trennen, sondern das vereinbaren wollen zu einem Ganzen. Die keine Statussymbole und große Titel benötigen." Und die Umsetzung ihrer drei Schwerpunktthemen treibe sie an. Sie sei im Moment genau da, wo sie sein wolle.

Frauen rät sie, in ihren Unternehmen und extern nach Austausch zu suchen, um zu wachsen. Zuzugeben, dass man etwas nicht kann, sei kein Makel – vor allem nicht am Berufsanfang. „Wer euch das krumm nimmt, ist kein guter Mentor." Wichtig sei auch, anderen den Erfolg zu gönnen: „Hinterfragt euren Neid und euer Lästern, denn diese Frau kann euch nichts wegnehmen. Jede von uns ist in bester Weise selbst verantwortlich für ihren Weg." Wichtig sei, zu netzwerken: „Mit Männern und Frauen, die auch das Gute wollen. Lasst euch nicht vergiften durch die Welt, die uns Frauen Missgunst anerzieht. Es ist genug für alle da."

NETZWERKE

STRATEGIE

Auch Katja Diehl hat viel über Netzwerke erreicht, die sie sich im Lauf der Zeit aufgebaut hat. „Ich war teilweise ganz schön alleine, auch weil ich Frauen in meinen ersten Jobs kennenlernen musste, die das Gegenteil von Solidarität waren und sich eher darüber definierten, wen sie so wegbeißen konnten." Inzwischen weiß sie, dass es bei den richtigen Menschen gut ankommt, Fragen zu stellen oder um Unterstützung zu bitten. Das öffne auch Türen. „So habe ich extern Menschen gefunden, weil ich da mutiger mit vertraulichen Dingen sein konnte." Aber auch in den Unternehmen habe sie sich Netzwerke aufgebaut. „Und ich freue mich da immer wieder, alle von uns wachsen und gedeihen zu sehen. Menschlich, nicht nur beruflich."

Eben hat sie gesagt, dass sie von Frauen daran gehindert wurde, zu wachsen. Erlebt sie grundsätzlich einen Unterschied in der Zusammenarbeit von Männern und Frauen? „Ich wäre froh, wenn ich diesen Unterschied nicht mehr machen müsste. Ich liebe die Zusammenarbeit mit guten Menschen, da ist es mir egal, welches Geschlecht sie haben." Sie ist gern Teil von Teams und Unternehmen, die einen Sinn verfolgen, die die Welt besser machen möchten. „Damit Geld zu verdienen, finde ich sehr schlau. Gute Dinge müssen eben nicht nur im Ehrenamt verbleiben und hehre Ziele verfolgen, gute Unternehmen sollte es viel mehr geben." Und dann wird sie ganz deutlich: „Ich mag die Zusammenarbeit mit allen, die mich akzeptieren und mit offe-

MÄNNER UND FRAUEN

nem Visier und ‚echt' unterwegs sind, ohne Spielchen hintenrum oder versteckte Agenda."

Gleichstellung sei leider immer noch nicht erreicht, betont Katja Diehl – das gelte nicht nur für Frauen, sondern auch beispielsweise für unterschiedliche Ethnien und Bildungshintergründe. „Ich habe lange versucht, den Tanker von innen zu verändern – da wand ich aber zweifach Kraft auf. Gegen die internen Widerstände und gegen den Mangel an Frauen." Durch ihre jetzige Position – die Perspektive von außen – empfindet sie mehr Einfluss. „Als Mentorin, Impulsgeberin für Unternehmen und als sichtbare Frau, die Netzwerke organisiert.

Sie unterstütze bewusst Frauen, bspw. durch Mentoring, betreibt beispielsweise den Podcast „She drives mobility", um Frauen in der Mobilitätsbranche vorzustellen – porträtiert aber dort auch Männer und ihre Arbeit. Kolleginnen und Kollegen mit Kindern behandelt sie nach der Maxime: Das Leben hat Phasen. Sie findet es gut, Bedürfnisse zu kommunizieren, damit eine Lösung gefunden werden kann. „Im Team bekommt man und frau das hin. Aber es muss auch selbstverständlich werden, dass es eben Männer UND Frauen sind, die diese Carearbeit leisten." Sie selbst hat keine Kinder. „Ich hätte Kinder bekommen, wenn das Leben das für mich vorgesehen hätte", sagt sie dazu. Sie habe ein Kind nur in einer funktionierenden Partnerschaft bekommen wollen. „Dazu ist es nicht gekommen. Aber das ist okay so."

„Unser Arbeitsalltag sollte viel mehr wieder Menschen statt Zahlen im Fokus haben."

Katja Diehl hat von Misserfolgen gesprochen, von Kritik, die ihr entgegengebracht wird, von Grenzen, die ihr aufgezeigt werden. Wie geht sie damit um? Zum Teil sind ihr solche Situationen ein Signal, dass sie so niemals werden möchte. Grenzen müssen mitgeteilt werden, um sie zu achten. Das empfinde sie als großes Vertrauen, das sie gern zurückgebe. „Unser Arbeitsalltag sollte viel mehr wieder Menschen statt Zahlen im Fokus haben. Dann kommen die guten Zahlen von alleine." Bei Kritik schlucke sie erstmal. „Dann achte ich auf den Ton, die Situation und meine Kapazitäten. Je nach Einordnung bitte ich um Bedenkzeit oder reagiere auch mal direkt, wie zum Beispiel auf Twitter. Dort weht ihr manchmal ein scharfer Wind entgegen. Aber hier baue sie ihren Schutzraum aus. Dabei hilft ihr der Austausch mit anderen.

Katja Diehl

Jahrgang 1974

Seit Oktober 2018
Lead Communications & PR
bei door2door GmbH,
Berlin

Seit September 2017
Inhaberin von Katja Diehl
Kommunikationsberatung,
Hamburg

Kontakt
Katja Diehl
Lutterothstraße 49
20255 Hamburg

post@katja-diehl.de
katja-diehl.de

Beruflicher Werdegang

| April – Oktober 2018
Kommunikationsmanagerin
Strategie und Projekte bei der
Fielmann AG, Hamburg

| April 2008 – März 2018
Leitung Marketing und
Kommunikation Mobilität bei
der Stadtwerke Osnabrück AG

| November 2004 – April 2008
Leitung interne Kommunikation
bei Hellmann Worldwide
Logistics, Osnabrück

| Oktober 2003 – Oktober 2004
Implementierung und
Leitung des Wettbewerbs
JugendUmweltreporter
Niedersachsen (JUNi) der
Niedersächsischen Auslands-
gesellschaft, Osnabrück

| Oktober 2002 – September 2003
Pressereferentin bei der
Deutschen Bundesstiftung
Umwelt, Osnabrück;
Januar 2003 – April 2003:
Leitung der Pressestelle als
Krankheitsvertretung

Ausbildung

| Mai 2013 – September 2016
Marketing Executive Program,
Westfälische Wilhelms
Universität Münster,
Abschluss: Executive MBA

| März 2007 – Juni 2008
Ausbildung zur PR-Beraterin,
Deutsche Akademie für
Public Relations, Frankfurt

| Oktober 2000 – September 2002
Volontariat in der Pressestelle
der Deutschen Bundesstiftung
Umwelt, Osnabrück

| Oktober 1994 – September 2000
Magister-Studium
Literaturwissenschaften,
Universität Osnabrück

Weitere Tätigkeiten

| Mitglied im Bundesvorstand
Verkehrsclub Deutschland (VCD)
(seit 2018)

| Mentorin bei Yoldas (Projekt
der Bürgerstiftung Hamburg
zur Unterstützung türkischer
Kinder, seit 2018)

| Mentorin bei MentorMe
(seit 2017)

| Mit-Organisatorin der
NachtSchicht Hamburg
(seit 2018)

| Mentorin für den
Bundesverband Deutscher
Pressesprecher (seit 2016)

| Vorstandsmitglied
beim Osnabrücker FilmFest e. V.
(2015 – 2019)

| Gründungsmitglied
und aktuell Mentorin der
Nachwuchsplattform
„Junge Journalisten"
(seit 2002)

Julia Kümper ist Mitglied der Geschäftsführung
der VentureVilla. Bereits als Schülerin fasste sie den Plan,
in die Politik zu gehen.

Über Hauptweg und Nebenwege

Sie wollte die Bildungslandschaft verändern.
Jetzt gibt sie Startups Struktur. Führung findet sie schon
lange spannend – aber niemals ohne Inhalt.

Hannover, Eilenriede. Die VentureVilla liegt verkehrsgünstig in der Nähe des Zentrums der Landeshauptstadt und trotzdem am Rand eines Waldes. Hinter der altehrwürdigen Fassade knarzt Parkett, Kassettentüren weisen auf wohlbetuchte Bauherren hin, ebenso wie die großzügigen und lichten Räume. Hier stehen jetzt aber moderne Möbel und technisches Gerät. An den Wänden des Foyers hängen keine Ölschinken, sondern schlicht gerahmte Porträtfotos. Das passt: Menschen sind Julia Kümper wichtig. Mit ihren beiden Kollegen aus der Geschäftsführung unterstützt sie Gründerinnen und Gründer dabei, sich ein eigenes Business aufzubauen. Immer wieder stellt sie im Gespräch den Wert guter Netzwerke in den Fokus, die nicht nur beruflich voranbringen, sondern auch die persönliche Entwicklung unterstützen. Sie selbst habe erst lernen müssen, sich an Menschen zu orientieren, die ihr guttun – und nicht an denen, die sie infrage stellen.

"Ich war vielleicht auch erfolgreich, weil ich gewartet habe, bis ich eine bestimmte Erfahrung hatte."

PLAN

Venture, das heißt Wagnis. Auch das passt zu Julia Kümper. Sie probiert sich aus, setzt sich Ziele, die sie verfolgt – und die sie verändert, wenn sich attraktivere Chancen bieten. Zu Beginn ihres beruflichen Weges hatte sie eine konkrete Vorstellung davon, wo es für sie hingehen sollte: "Ich hatte vor, in der Politik etwas zu ändern, habe aber auf dem Weg dahin gemerkt, dass der andere Weg auch gut ist, um Veränderung zu bewirken. Also habe ich den eingeschlagen", erläutert sie ihren Werdegang, der sie über verschiedene Stationen führte. Zum Zeitpunkt des Interviews steht sie vor einer ganz neuen Erfahrung: Sie ist kurz darauf für drei Monate in den Mutterschutz gegangen.

BERUF UND FAMILIE

Bereits beim Vorstellungsgespräch ist sie schwanger gewesen. Kein Grund für ihre künftigen Kollegen in der Geschäftsführung, sie nicht einzustellen. Das ist auch heute noch keine Selbstverständlichkeit. "Die Kollegen und Kolleginnen haben sich gefreut, auch mit dem Kommentar, New Work endlich auch in dieser Art leben zu können. Ich habe auch gleich gesagt, dass ich nach drei Monaten wieder zurück in den Beruf möchte (lacht). Die Woche danach habe ich den Vertrag unterschrieben", erzählt sie. Die Reaktionen von Männern außerhalb dieses Zirkels jedoch seien anders gewesen: „Die sagten, dass ich es noch sehen würde, ob ich es schaffe, mich so schnell von meinem Kind zu trennen. Meine Lieblingsantwort ist dazu: ‚Ja, und wie haben Sie das geschafft?‘" Zudem habe es Frauen gegeben, die der Meinung waren, dass „die intensive Bindung von Mutter und Kind niemals durch einen Mann ersetzt werden kann. Was ich im tiefsten Herzen respektlos fand meinem Mann gegenüber." Für beide stand früh fest, dass Daniel Kümper den Großteil der Elternzeit nehmen wird.

Für die ersten Monate nach der Schwangerschaft hatte sich Julia Kümper vorgestellt, ihre Tochter mit ins Büro zu nehmen, wenn die Kleine viel schläft. So macht sie es dann auch.

Weder dass sie Eltern werden, noch ihr Leben mit dem Kind wollten Julia und Daniel Kümper ursprünglich thematisieren. Das hat sich durch ihre Erfahrungen während der Schwangerschaft geändert. Denn als sie über ihre Pläne zu Familien- und Berufsleben sprachen, zeigten sich einerseits Vorurteile. Andererseits lernten sie Paare kennen, die Elternschaft und Karriere ganz ähnlich angegangen sind, wie sie es geplant haben: „Ich frage mich, warum weiß man das nicht? In der Darstellung von Familie wird das nicht gezeigt. Es ist nicht im Bewusstsein, dass es auch so geht. Also müssen wir das öffentlich machen", erzählt Julia Kümper. Sie und ihr Mann haben daraufhin beschlossen, ihr Zusammenspiel von Kind und Beruf öffentlich zu thematisieren. Ihr Ziel: Anderen zu zeigen, dass hier eine junge Mutter bei der Arbeit ist. Bewusst zu machen, Anregung zu geben. Nicht zuletzt: Normalität für berufstätige Mütter herzustellen – auch in Führungspositionen. Und die beiden handhaben es so:

> „Manchmal ist es sinnvoller, auch mal einen Schritt nach links oder nach rechts zu machen."

„Ich bleibe im Job und wie es nach den ersten zwei Jahren weiter geht, das sehen wir dann. Aber unserer Einschätzung der Arbeitswelt nach, wird es so herum einfacher sein."

Nach der Schwangerschaft nimmt sie ihre Tochter Lina nicht nur mit ins Büro, sondern auch zu externen Veranstaltungen, „wenn sie nicht zuhause bleiben kann oder ich sie sonst zu wenig sehen würde", erzählt Julia Kümper ein halbes Jahr nach der Geburt. Sie ist drei Monate nach der Geburt wieder ganz in den Job eingestiegen, ihr Mann hat seine Stunden reduziert und ist 60 Prozent in Elternzeit: „Die Lücke füllen wir durch Homeoffice-Tage und Verwandtschaft." Sie sage ihren beruflichen Kontakten grundsätzlich, dass es möglich sein könne, dass ihre Tochter bei Terminen dabei ist. „Die Reaktionen vor Ort sind größtenteils positiv, die negativen ignoriere ich." Die Tage, zu denen sie Lina mit ins Büro nimmt, trägt sie in den Teamkalender ein. Und sie betone auch, dass sie in einen freien Besprechungsraum wechselt, sofern ihre Tochter zu laut ist. „Da hilft nur gegenseitiger Austausch und Rücksichtnahme. Ein Vorteil ist sicherlich, dass wir keine festen Arbeitsplätze haben. Da ist ein Ausweichen problemlos möglich."

Auf ihre Posts, beispielsweise auf Twitter oder LinkedIn, erhalte sie kaum Resonanz, wohl aber in Gesprächen, dann seien es „hauptsächlich Frauen ohne Kinder, die mir sagen, dass sie durch die Beiträge sehen, dass Vereinbarkeit möglich ist und sie nicht ihre Karriere aufgeben müssen." Sie selbst komme gut mit dieser Situation zurecht, allein das Mitnehmen des Kindes mit der Bahn sei ein großer logistischer Aufwand. Julia Kümper pendelt mit dem Zug zu ihrem Arbeitsplatz in Hannover. Dort hat sie Lina meistens auf dem Arm oder sie ist in ihrer Nähe. Zwischen ihrer Tochter und der Arbeit hin und her zu schalten, falle ihr nicht schwer. Für ihre Gesprächspartnerinnen und -partner sei es schwerer, sich nicht ablenken zu lassen, vermutet sie. Sie erläutere die Situation dann damit, dass auch Handys hin und wieder stören, aber niemand sie zuhause lässt. „Für mich gehört dazu, mir weniger Gedanken darüber zu machen, wie mein Gegenüber das findet, dass ich unsere Tochter dabeihabe, bzw. dass es ok ist, wenn sie zwischendurch auch was sagen möchte", sagt Julia Kümper. Darin sei sie inzwischen geübt. Ist denn die Prognose der Männer eingetroffen, dass ihr der Abschied vom Kind schwerfallen werde? „Nein." Es mache sie aber traurig, wenn sie ihre Tochter aufgrund von Verspätungen der Bahn oder bei Dienstreisen an einem Tag nur schlafend sehen könne: „Aber da hilft dann ein kurzer Videocall."

„Führung finde ich spannend", sagt Julia Kümper, die bereits während der Schulzeit solche Rollen übernommen hat. Das sei aber nie Selbstzweck gewesen, es habe sich vielmehr ergeben, weil sie Dinge angeschoben habe. So hat sie an ihrer Schule ein Programm für Drogenprävention erarbeitet und die Idee gemeinsam mit einer Freundin umgesetzt. Auch später habe sie gern mit anderen zusammengearbeitet. „Ich habe oft Dinge einfach gemacht. Damit steht man automatisch im Fokus, auch wenn es einem darum gar nicht geht. Für viele war das aber offenbar ein Problem. Sie haben mir zugeschrieben, dass ich mich gern exponiere. Aber mir ging es nur darum, etwas zu

Menschen sind Julia Kümper wichtig.
Als Führungskraft will sie deshalb Individualität
in der Arbeit gewährleisten und gestalten.
Sie selbst umgibt sich gern mit Menschen, die sie
stützen. Sie nennt das ihre „Cheering group".

verändern und etwas zu bewegen", erinnert sie sich an ihre Schulzeit. Die war für sie keine angenehme Zeit, was am mangelnden Klassenverband gelegen habe. Sie habe oft sehr für ihre Ziele kämpfen müssen. Sie wollte Klassensprecherin werden, weil sie die Schnittstellenarbeit zwischen Schülern und Schülerinnen sowie Lehrern und Lehrerinnen interessant gefunden habe. Sie ist schließlich auch gewählt worden.

„Wichtig war mir eben das Tun. Nicht die Position. Aber diese Position hat mir ermöglicht, etwas zu tun und zu erreichen", erinnert sich Julia Kümper und ergänzt: „Wobei ich nicht leugne, dass ich mittlerweile die Regeln verstanden habe und weiß, wie es läuft, sich bewusst zu exponieren." Später engagierte sie sich in der Jugendarbeit einer Kirchengemeinde. Dort habe einer der Verantwortlichen gesagt: „Du motzt ganz schön viel und kritisierst viel, aber du packst auch mit an. Deshalb ist das auch in Ordnung." Für sie eine wichtige Erkenntnis: „Wenn ich etwas kritisiere, muss ich auch meinen Beitrag dazu leisten, dass sich etwas ändert." Sie hat dabei ihre Selbstwirksamkeit entdeckt. Dass sie sich in der Kirche engagierte, habe an ihrer Heimat in der Aachener Region gelegen. Es hätte ebenso ein Sportverein sein können. „Aber es war gut, um Erfahrungen zu sammeln", resümiert sie.

Das klingt alles stringent. So, als hätte Julia Kümper von Anfang an auf eine bestimmte Tätigkeit hingearbeitet. Aber ihr Lebenslauf zeigt Kurven. Sie selbst empfindet sie als Brüche. Auch hinsichtlich ihres Berufsziels zu Abi-Zeiten. Sie hat ihre Ziele reflektiert und dadurch immer wieder Kurskorrekturen vorgenommen. Das, was sie tut, hat sie dem angepasst, was sie über sich selbst gelernt hat, und abgestimmt auf das, was das Leben ihr angeboten hat. Als sie in der Oberstufe war, hat sie den Plan entwickelt, im Bildungswesen etwas zu verändern. Julia Kümper wollte dafür in die Politik gehen, ins Ministerium. Ein Lehrer sagte ihr, dass das nur mit Erfahrung als Lehrerin möglich wäre. „Lehramt war als Fach auch bequem, weil es sich ganz automatisch ergibt, was man danach macht. Und die Fächer waren meine Leistungskurse: Physik und Geschichte." Dass sie studieren wird, sei lange klar gewesen.

Doch dann hat sie das Studienfach gewechselt. Statt Lehramt mit Physik und Geschichte war es dann „Politische Wissenschaft und Geschichte". Der Grund: Julia Kümper wurde ein Tumor an der Hirnanhangdrüse diagnostiziert, der ihren Hormonhaushalt beeinflusst. „Keine schlimme Diagnose", betont die Frau, die ab dem Alter von zwölf Jahren gespürt hatte, dass mit ihrem Körper etwas nicht stimmt. Mit der Diagnose bekam sie nach langen Jahren die Bestätigung, dass sie sich auf ihr Gefühl verlassen kann. Das habe ihr den Anstoß gegeben, auch in anderen Dingen stärker auf sich zu hören: „Ich musste mich neu finden." Das sei nicht einfach gewesen, sagt sie. Geholfen hat ihr der Vater, der „ganz pragmatisch" mit ihr geguckt habe, was vor Ort möglich war. Sie kam auf ein Fach, in dem sie sich bereits Geleistetes hat anrechnen lassen können. Dann folgte ein Ortswechsel. Durch einen Job hat sie 2009 ihren heutigen Mann kennen gelernt, der in Aachen an seiner Masterarbeit schrieb, aber eigentlich in Osnabrück studierte. „Er wollte gern in Aachen bleiben, ich wollte aber von dort auch mal weg. Ich habe mich dann nur in Osnabrück beworben – und es hat zum Glück geklappt. In Osnabrück habe ich meinen Master in ‚Demokratisches Regieren und Zivilgesellschaft' gemacht. Mir war es wichtig, einen spezialisierten Master zu machen, und auch einen, der mit Beteiligung zu tun hat. Menschen zu beteiligen, das zieht sich bei mir durch."

Schon damals zeichnete sich einer ihrer Schwerpunkte ab, denen sie sich heute widmet: New Work. Diese Art zu arbeiten definiert sie so: Für jeden den individuell passenden Weg in Arbeit und in Führung zu finden. „Für mich als Führungskraft bedeutet das – und das musste ich lernen – genau zu gucken: Wer braucht was in welcher Form und wann. Das ist immer ein Lernprozess und ein Aushandlungsprozess, weil wir uns alle weiterentwickeln und die Rahmenbedingungen sich ändern. Für mich als Führungskraft im New Work bedeutet das, diese Individualität in der Arbeit zu gewährleisten, zu ermöglichen und zu gestalten." Dabei sei Digitalisierung – die viele für ein Signal für New Work halten – lediglich ein Werkzeug, diesen Anspruch umzusetzen. Die Philosophie sei viel wichtiger. „Dass alle unterschiedlich sind und dass sie deshalb alle unterschiedlich handeln und behandelt werden müssen, um ihre Ziele zu erreichen." Das bedeute auch, dass manche Menschen sich in hierarchischen Strukturen besser aufgehoben fühlen und dort besser arbeiten könnten. „Das Schwierige ist, dass man nie eine Abteilung hat, in der alle gleich ticken. Man muss eben hingucken", erläutert Julia Kümper eine Herausforderung ihrer aktuellen Position.

Auf diese Stelle hat sie sich beworben – was sie wieder als Bruch empfindet –, nachdem sie einige Jahre im öffentlichen Dienst an der Hochschule Osnabrück gearbeitet hat. Ihr sei klar geworden, dass sie die Stelle wechseln musste, weil es nicht mehr gut für sie gewesen sei. „,Nicht mehr gut', heißt für mich: Ich komme hier nicht weiter, ich sehe keine Entwicklungsperspektive. Das ist der Punkt für mich, wo ich etwas verändern muss."

Ob sich ihre Einstellung zum Beruf und zum beruflichen Vorankommen ändern wird, wenn sie Mutter ist, würde sie sehen. „Entscheidend dabei ist, dass ich mich nicht festlegen lasse. Ich kann ja nicht sagen, was in fünf Jahren für mich gut ist." Sie würde das entscheiden, wenn es ansteht. „Mir ist wichtig, dass ich zufrieden bin mit meinem Leben. Wie die Rahmenbedingungen dafür sein werden, das weiß ich ja erst in Zukunft." Auch durch ihre Krankheit habe sie erfahren, dass sich sehr schnell alles ändern könne. Und sie wolle sich nicht grämen. „Ich möchte alles nehmen, wie es kommt." Das betrachte sie als ihren persönlichen Wettkampf, den sie zu meistern habe.

Aus diesem Grund habe sie sich entschieden, ein Unternehmen zu gründen, dessen Geschäftsführende Gesellschafterin sie nach wie vor ist: „Match-Watch". Das war ihr erster Impuls, als sie spürte, dass sie an der Hochschule nicht weiterkommt, nachdem sie dort einige Zeit im Technologietransfer tätig gewesen ist. Sie überlegte zunächst, sich mit einem MBA eine neue Perspektive zu ermöglichen. Parallel sei die Idee zu Match-Watch entstanden. „Von Daniel kam dann der Impuls, dass eine Gründung der MBA in der Praxis ist. Ich sage immer lapidar: Finanziell war es die gleiche Investition." Sie ging nicht nochmal in die Theorie, sie ging in die Praxis. Neben ihrem Job an der Hochschule gründete sie eine Firma. „Ohne Gründung von Match-Watch aber wäre ich nicht bei der VentureVilla." Nicht nur, weil eine Gründung Voraussetzung für ihre jetzige Position in Hannover ist, sondern auch: „Ich bin über Match-Watch hier zunächst Mentorin geworden." Die Firma war also ihr Türöffner.

LEBENSLANGES LERNEN

Während des Gesprächs ist durch die Tür ein Kommen und Gehen zu hören. Die VentureVilla unterstützt junge Unternehmerinnen und Unternehmer bei der Verwirklichung ihrer Ideen für Startups. Sie sollen 50 Prozent ihrer Zeit in der Villa präsent sein, um in 100 Tagen unterstützt und fokussiert an ihren Geschäftsmodellen zu arbeiten. Auch im Anschluss an diese Beschleunigungsphase stehen die Mitarbeiterinnen und Mitarbeiter, die Mentorinnen und Mentoren den Gründerinnen und Gründern zur Seite.

Die Brüche in ihrer Biografie haben auch ihr Gutes: Sie haben Erfahrungen mit sich gebracht. Auch ihren Umweg über das Lehramtstudium – vor allem das Fach Physik – weiß Julia Kümper deshalb zu schätzen: „Weil es mir hilft, abstrakt zu denken und Zusammenhänge zu erfassen." Es falle ihr leicht, in vielen Situationen rational zu sein und sich auf die Fakten zu konzentrieren. „Das hat mir bei vielen Entscheidungen geholfen. Deswegen war das alles gut."

MOTIVATION

Was treibt sie an? „Auf jeden Fall das Wissen, dass jeder Veränderung schaffen kann", sagt sie und nimmt das Beispiel Familie und Beruf. „Wir haben festgestellt, dass viel schief ist in der Gesellschaft, wie bei den Ansichten und der Akzeptanz, wenn jemand etwas anders machen will." Sie habe dafür viel Bestätigung bekommen: „Auch dadurch, dass wir aussprechen, was wir machen, haben wir die Möglichkeit, etwas zu verändern. Diesen kleinen Impact zu bringen – und wenn es nur für eine Person ist –, treibt mich an." Auch ihr Umfeld tue dies. Die Diskussionen mit ihrem Mann, der manche Dinge anders sehe als sie, empfinde sie als Bereicherung.

Und noch etwas treibt Julia Kümper an, wobei sie das erst habe lernen müssen. „Wichtig ist mir auch, mich mit Menschen zu umgeben, die mich stützen." Sie nennt das ihre „Cheering Group". Das seien Frauen, die sie nicht unbedingt täglich oder jede Woche sieht. Oft reiche ein kurzer Austausch per E-Mail, um in einer Sache weiter zu kommen oder eine unangenehme Situation für sich klären zu können. „Wir stützen uns." Dabei befinden sich einige Frauen in anderen beruflichen und privaten Zusammenhängen. Es gehe ihr um einen grundsätzlichen Gleichklang und gegenseitige Unterstützung, denn es sei genug Kuchen für alle da. „Da sind sehr unterschiedliche Frauen drin. Und es sind Frauen dabei, die ich lange kenne und solche, die ich erst recht kurz und auch teilweise nur digital kenne." Und noch etwas biete eine solche Gruppe: „Es ist wichtig, sich mit solchen Leuten zu umgeben. Da kann man alles viel besser ab." Die Begegnungen sind ihr wichtig, denn: „Letztlich ist mir der Wert meiner Zeit so hoch, dass ich sie gut nutzen will."

NETZWERKE

Sich Netzwerke aufzubauen und damit frühzeitig anzufangen, empfiehlt sie jeder Frau. Sie selbst habe das vor allem durch ihren Ortswechsel gelernt. In der ersten Zeit in Osnabrück habe sie lediglich ihren Mann gekannt, ihr Tag war strukturiert durch das Studium an der Uni und ihren Job als Projektkoordinatorin in den Hebammenwissenschaften an der Hochschule Osnabrück. Von da aus ging es weiter.

Ihre Cheering Group besteht ausschließlich aus Frauen, weil das Geben und Nehmen einfacher sei: „Meine Erfahrung ist, dass von Männern gern genommen und nicht gegeben wird. Was auch durch Dinge wie den Gender Pay Gap insgesamt mitgeprägt ist." Es sei keine Entscheidung gegen Männer, dass sich keiner in ihrer Cheering Group befindet, sondern die Überlegung, was und wer ihr guttue. „Ich würde es aber nicht ausschließen, dass es Männer gibt, die diese Rolle füllen können. Ich fände es zum Beispiel total spannend, einen Mann als Mentor zu haben."

FRAUEN UND MÄNNER

Julia Kümper überlegt kurz. Dann erzählt sie, dass sie versuche, Begegnungsräume zu schaffen. Denn: „Dieses Nur-Frauen-Zirkel und Nur-Männer-Zirkel – das funktioniert ja nicht." Und sie versuche, sich in Männer-Zirkeln Gehör zu verschaffen, beispielsweise durch Hinweise darauf, wie Panels besetzt sind oder wie ein Unternehmen Männer und Frauen sichtbar macht. „Oder in meinem Fall dazu beizutragen, sich als Frau in Gremien zu setzen, und andere Frauen zu ermutigen, Aufgaben und Rollen wahrzunehmen." Sie glaube, dass Begegnung hilft, Ängste abzubauen. Beispielsweise vor der Frauenquote. Für diesen Abbau von Ängsten nutzt sie auch ihre direkten Kontakte. Persönliche, positiv besetzte Erlebnisse seien dafür wichtig.

In ihrer Arbeit habe sie festgestellt, dass Männer anders behandelt werden würden als Frauen. So habe sie selbst bei ihrer vorherigen Stelle bestimmte Tätigkeiten machen müssen, bevor sie mehr Handlungsspielraum bekam. Aber: „Wenn sich die Rollen gefunden haben, ist das regelmäßige Abgleichen der Rolle nicht geschlechtsspezifisch", meint Julia Kümper. Sie habe sich – wie ihre männlichen Kollegen auch – zu Beginn in der VentureVilla beweisen müssen. Jetzt sei das nur noch nach außen der Fall bei neuen Kontakten. „Dabei wird einem Mann per se zugeschrieben, dass er das wohl kann. Aber eine Frau muss sich immer wieder neu beweisen." Sie verweist auf eine Studie zu Startups, die belege, dass männliche Investoren – es gibt kaum Frauen – ganz anders

„Dieses Nur-Frauen-Zirkel und Nur-Männer-Zirkel – das funktioniert ja nicht."

mit Bewerberinnen kommunizieren als mit Bewerbern. Die Männer würden eher auf die erwarteten Erfolge angesprochen – Frauen eher auf mögliche Probleme. „Dadurch werden weibliche Teams automatisch geringer bewertet und weniger finanziert."

Gefragt nach Situationen, in denen sie sich als Frau angegriffen fühlte, weist Julia Kümper auf das Subtile solcher Momente hin. Beispielsweise, wenn sie auf Fotos angesprochen wird, mit denen sie sich bewirbt. „Da musst du ja nicht mehr beweisen, was du kannst", habe ihr mal ein Kollege gesagt. Oder die Frage, ob sie eine Sache erarbeitet habe und nicht doch der Kollege. „Da hilft nur konkretes Nachfragen, wie das jetzt gemeint ist. Allerdings nur, wenn es sich lohnt bzw. für mich der Gegenüber wichtig ist. Ansonsten spare ich mir den Aufwand und gehe auf Abstand." Wie sie auch auf Distanz zu Menschen gehe, die lediglich auf ihren eigenen Vorteil bedacht sind.

Julia Kümper

Jahrgang 1985

Kontakt
Julia Kümper
VentureVilla Accelerator GmbH
Walderseestr. 7
30163 Hannover

Telefon +49 (0) 511 21907131
info@venture-villa.de
venturevilla.de
match-watch.de

Seit September 2018 ist Julia Kümper Mitglied der dreiköpfigen Geschäftsführung der VentureVilla Accelerator GmbH. Die Einrichtung unterstützt Gründerinnen und Gründer bei der Verwirklichung ihrer Ideen. Im Januar 2019 ging sie in den Mutterschutz. Als Mutter einer Tochter arbeitet sie seit April 2019 wieder in Vollzeit, ihr Mann ging in Elternzeit.

Zudem ist Julia Kümper seit Mai 2015 Geschäftsführende Gesellschafterin der Match-Watch GmbH.

Der Kontakt zur VentureVilla geht zurück auf ihre Tätigkeit als Mentorin in der Institution (November 2016 bis August 2018).

Von November 2013 bis August 2018 war Julia Kümper Consultant, Trainerin und Moderatorin im Enterprise Europe Network Wissens- und Technologie-Transfer der Universität Osnabrück und der Hochschule Osnabrück.

Zuvor war sie mehrere Jahre wissenschaftliche Mitarbeiterin an der Hochschule Osnabrück, zunächst im Forschungskolleg „Familiengesundheit im Lebensverlauf" (September 2010 bis Oktober 2013), anschließend im Bereich Hebammenforschung (Januar 2013 bis März 2013).

Studiert hat Julia Kümper zunächst Lehramt für die Sekundarstufe II bis zur Zwischenprüfung an der RWTH Aachen (Oktober 2005 bis September 2007). Sie wechselte in das Fach „Politische Wissenschaft und Geschichte", ebenfalls in Aachen, das sie mit dem Bachelor abschloss. Anschließend machte sie an der Universität Osnabrück ihren Master im Fach „Demokratisches Regieren und Zivilgesellschaft" (Abschluss 2012).

Im März 2017 ist Julia Kümper von der damaligen Berufsplattform Xing (jetzt New Work Se) als „New Workerin" ausgezeichnet worden.

Nebenberuflich engagierte sie sich von März 2013 bis Juni 2017 als Mitglied im Beirat der Deutschen Nachwuchsgesellschaft für Politik und Sozialwissenschaften e.V. von Januar 2011 bis März 2013 war sie deren Vorsitzende (dngps.de).

Seit Ende 2018 ist sie außerdem Vorbildunternehmerin vom Bundesministerium für Wirtschaft und Energie, zudem ist Julia Kümper Mitglied in verschiedenen Ausschüssen der IHK Osnabrück – Emsland – Grafschaft Bentheim sowie der IHK Hannover.

Prof. Dr. Antje Boetius ist Direktorin
des Alfred-Wegener-Institutes in Bremerhaven und
Vizepräsidentin der Helmholtz-Gemeinschaft.

Die kluge Frau und das Meer

Das Meer hat sie schon als Kind angezogen.
Das war ihre Motivation, sich ihm auch beruflich zu widmen.
Der zweite Motor, der sie antreibt, ist die Freiheit.

Das Meer hat die Tiefseeforscherin schon früh begeistert. „Eigentlich habe ich als Kind bereits eine Idee davon gehabt, was ich werden will: Ozeanentdecker." Dass das zugleich bedeute, Wissenschaftlerin zu werden, habe sie nicht geahnt, aber sie wusste: „Ich möchte für die Meere verantwortlich sein, die Meere erkunden." In Darmstadt – wo sie als Kind lebte – nicht unbedingt eine Idee, die auf der Hand liegt. Aber ihr Großvater, geboren 1910 auf der Insel Föhr, habe ihr als Kapitän begeistert vom Meer erzählt, obwohl er untergegangen ist. Eduard Boëtius überlebte als Navigationsoffizier während des Zweiten Weltkriegs die Versenkung seines Schiffes durch ein sowjetisches U-Boot und als Mitglied der Mannschaft den Absturz des Zeppelins „Hindenburg" 1937. Zudem habe sie, sagt Antje Boetius, als Kind alles gelesen, was mit dem Meer zu tun hatte – Piratenromane, Jules Verne, die Schatzinsel – und später die Filme von Hans & Lotte Hass und von Jaques Cousteau gesehen. Und wenn sie in den Ferien mit ihrer Mutter und ihren Geschwistern am Meer war, dann wusste sie, dass es ihr gehört.

Ihr Selbstverständnis war eher „ich bin" als „ich möchte werden" – die ersten Zweifel daran hat sie erst bekommen, als sie mit ihrem Biologie-Studium begann. Nicht etwa, weil ein Diplom-Biologe damals in der ersten Vorlesung gesagt habe: „Ihr studiert alle, um arbeitslos zu werden." Auch nicht, weil die Konkurrenz groß war – Antje Boetius wurde in den geburtenstarken Jahrgängen geboren. Es war eine andere Erkenntnis: „Ich hatte keine besondere Begabung in den naturwissenschaftlichen Fächern." Begabt sei sie vielmehr in den Geisteswissenschaften gewesen, Sprache, Kunst und Kultur. Und so sagt sie über ihren Berufswunsch:

> „Meine Idee war also stärker als meine Begabung."

„Meine Idee war also stärker als meine Begabung." Es sei ihr klar geworden, dass sie im Studium „immer ein bisschen mehr tun musste, um mithalten zu können." Später habe sich herausgestellt, dass sie eine andere Begabung hat,. „im Bereich des systemischen und logischen Denkens, des Kombinierens und der Kreativität." Zudem verfüge sie über ein kommunikatives Talent, könne Menschen mitnehmen, Struktur in Besprechungen bringen und sei zuverlässig. Begeisterung für das Meer vermittelt sie auch in den zahlreichen Interviews, die sie gibt. Das vermehrte Auftreten in Talkshows, die Interviews in Zeitungen, das Halten öffentlicher Vorträge, das gehört zu dem, worüber sie sagt: „Wenn eine Sache gut lief, habe ich etwas Neues ausprobiert." Dazu zählen auch ihre Auftritte mit dem Schauspieler David Bennent unter dem Titel „Die Entdeckung der Tiefsee – ein Tauchgang in Wissenschaft und Literatur". Zum Zeitpunkt des Interviews entwickelt sie gemeinsam mit Sabine Kunst, der Präsidentin der Berliner Humboldt-Universität, und dem Dramaturgen Frank Raddatz das „Theater des Anthropozäns". Doch zu diesem Konzept später mehr.

Gefragt danach, ob sie bereits zu Studienbeginn vorhatte, eine Führungsposition einzunehmen, sagt Antje Boetius: „Es war mir ja damals nicht klar, wie es heute auch den meisten Studierenden nicht klar ist: ‚Was ist Führung?' Dafür hat man ja kein Konzept." Sie habe keine Vorstellung davon gehabt, was eine Wissenschaftsmanagerin – als die sie sich heute versteht – macht: „Weil es in meinem Umfeld niemanden gab, der das war." Das hat sich also erst im Lauf der Zeit entwickelt. In vielen einzelnen Schritten.

Sie habe immer mitgestalten wollen, und: „Ich wollte immer etwas zurückgeben, weil mir so viel gelang, weil ich mir meine Träume erfüllen konnte." Boetius war Klassen- und Schulsprecherin, während des Studiums war sie im Allgemeinen Studierenden-Ausschuss aktiv. Dann kam die Friedensbewegung in den 1980er Jahren, wo sie sich vor allem in die Proteste gegen Chemie- und Atomwaffen-Wettrüsten einbrachte. Ihre Mitstreiter hätten gemerkt, dass sie zuverlässig und vertrauenswürdig sei, organisieren könne und Lust auf Verantwortung habe. Es sei Teil ihres Wesens und ihrer Kommunikation: „Die Leute freut es, wenn es etwas zu lachen gibt, dass sie Begeisterung spüren und Ernsthaftigkeit zugleich." Ihr Fokus habe allerdings viel mehr darauf gelegen, zu gestalten, als zu führen.

Heute, als Wissenschaftsmanagerin, sei das anders. Hier unterscheide sie: Da sieht sie einerseits die „Riesenverantwortung" als Direktorin für die Jobs ihrer Mitarbeiter: „Je nach Art und Weise, wie ich das Haus führe, kann ich jemandem den Arbeitsplatz versauen oder aber dafür sorgen, dass dieser Mensch sich seine beruflichen Träume erfüllt." Das sei besonders bei Berufsanfängern wichtig. Und sie sehe es als ihre Aufgabe an, Menschen den Raum zu geben herauszufinden, ob ein Arbeitsplatz der ist, den sie brauchen

,oder ob sie woanders glücklicher wären. Bei 1250 Mitarbeiterinnen und Mitarbeitern am Alfred-Wegener-Institut (AWI) sei sie natürlich nicht an jedem oder jeder nah dran – aber sie könne Kommunikationswege und Regeln gestalten und dafür sorgen, dass Karrierewege und Personalentwicklung transparent sind. Hier überträgt sie das Zusammenspiel einer Schiffsmannschaft auf andere Teams: „Wenn der Schiffskoch seinen Job nicht gut macht, dann hat auch der Kapitän keine gute Fahrt." Mit dem Begriff „Macht" kann Antje Boetius allerdings nicht viel anfangen. Sie möchte es „Verantwortung" und „Gestaltungsfreiheit" nennen, „denn Macht ist ja erstmal an sich eine ziellose Kraft".

> „Wenn der Schiffskoch seinen Job nicht gut macht, dann hat auch der Kapitän keine gute Fahrt."

Zu ihrer Wirkung nach außen – also außerhalb des AWI – sagt sie: „Ich habe mir recht große Gestaltungsfreiheit und Einfluss erarbeitet im Bereich des Wissenschaftsmanagements und der Wissenschaftskommunikation, aber vor allem in der Forschung." Das fange mit der Frage an, ob man Ideen durchsetzen könne. Da lerne sie auch jetzt noch dazu – ob als Vizepräsidentin der Helmholtz-Gemeinschaft, in Auswahlkommissionen, bei Begutachtungen oder in Aufsichtsräten. Antje Boetius hat keine Seminare für Führungskräfte besucht. Sie habe durch ihre Aufgaben gelernt, in denen sie von ihren Vorgesetzten Schritt für Schritt geleitet wurde. So habe ihre Professorin ihr als Doktorandin Verantwortung für Studierende übertragen oder die Aufgabe, Forschungsanträge zu schreiben.

ENTWICKLUNG

Das Büro von Antje Boetius ist großzügig und licht. An den Wänden hängen Fotos und das Gemälde eines Kindes von Meerestieren und Schiffen. Es gibt wenige Schränke, ein paar wandhohe Regale. Statt eines Schreibtisches füllen ein großer Besprechungstisch mit Barhockern und eine Couch den Raum. Davor steht ein Tisch, den sich Antje Boetius hat anfertigen lassen: Die Tischplatte besteht aus den Planken des ersten Forschungsschiffes, mit dem sie unterwegs war.

MOTIVATION

Unterwegs zu sein ist ihr wichtig. Freiheit ist ihr sehr wichtig: „Sie ist mein alleroberster Antrieb! Naja, zu gleichen Teilen mit Neugierde und Menschenliebe." Über ihre Motivation sagt Antje Boetius: „Mir war klar: Ich will selbst bestimmen, wer ich bin, wo ich bin und wie ich bin – aber es muss Meeresforschung dabei herauskommen." Sie sei zumeist ein glücklicher Mensch, der aus dem, was er tut, zugleich Energie schöpfe: „Ich bekomme ja auch sehr viel zurück von den Menschen um mich herum und von meiner Forschung." Sie bekomme Preise, freundliche Briefe, Kinder malen Bilder für sie, sie werde zu Gesprächen ins Fernsehen und zu Vorträgen eingeladen. „Ich schwebe also zurzeit zumeist auf einer Welle von Zuneigung. Das ist gut so, denn ich könnte auch manchmal verzweifeln, wie träge wir auf die großen Herausforderungen der Zukunft reagieren. Und auch wie sehr wir uns mit uns selbst beschäftigen in der Wissenschaftspolitik, während es wirklich was zu tun gibt in der Welt." Ihre Freiheit und der Wohlstand, den sie sich erarbeitet hat, machten sie sehr glücklich. Zugleich wisse sie, dass alles an einem seidenen Faden hänge. Sie habe bereits liebe Menschen verloren. „Daher gehört zu meinem Lebenskonzept, möglichst nichts auf übermorgen zu verschieben – trotz der vielen Arbeit."

Langsam sei ihre Verantwortung gewachsen. Von einer Rolle zur nächsten. Nach der Promotion habe sie ihre ersten Anträge für die wissenschaftliche Forschung geschrieben. Bevor sie Direktorin des AWI wurde, habe sie als Professorin „eine Gruppe mit zwei Laboren und mehr als 60 Mitarbeitern" geleitet. Sie habe auf jeder Stufe dazu gelernt. „Doch die beste Schule für das, was ich jetzt tue – neben der Seefahrt –, war die Mitarbeit im Wissenschaftsrat." Dort gebe es zwar keine Personal- und keine disziplinarische Verantwortung: „Aber man hat eine Verantwortung für die systemischen Fragen der Wissenschaft. Man lernt auf ganz hohem Niveau mit der Politik, den Wissenschaftsorganisationen und der Gesellschaft zu diskutieren und zu gestalten." Dort habe ihr jemand prophezeit, dass sie nach der Arbeit im Wissenschaftsrat Anfragen für Positionen im Wissenschaftsmanagement erhalten würde – sie habe damals gelacht. Aber kurz darauf sei der Anruf gekommen, ob sie die Leitung des AWI übernehmen möchte.

Einen Schritt bezeichnet sie als „wahnsinnigen Glücksfall": Während ihres Studiums an der Universität Hamburg hatte Prof. Hjalmar Thiel einen Job am Scripps Institution of Oceanography in Kalifornien zu vergeben. Für ein Jahr. Seine Doktoranden vermochten es aber nicht, für diese Zeit ins Ausland zu gehen. „Da ist er mitten in der Vorlesung auf die Idee gekommen, mich anzusprechen." Bis zum nächsten Morgen sollte sie sich entscheiden – und sie sagte zu. Sie sei gerade frisch verliebt gewesen: „Aber in mir war die Stimme meines Großvaters: ‚Einfach machen. Dem Zufall eine Chance geben.'" Und so wurde dieser Aufenthalt zu einer ersten beruflich wichtigen Station.

Bereits als Kind fühlte sich Antje Boetius vom Meer angezogen. Es zu schützen und zu erkunden, ist der Dreh- und Angelpunkt ihrer Arbeit als Forscherin und Wissenschaftsmanagerin.

Nicht nur bei dieser Entscheidung hat Antje Boetius ihre Mutter und ihre Geschwister, Freunde und später ihr berufliches Netzwerk befragt. Ihr sind diese Rückmeldungen wichtig. Passt es zu ihr? Bringt eine Sache sie weiter? „Kritische Freunde sind ganz wichtig fürs Leben. Ich sage immer: Ich muss nicht alles alleine machen. Ich kann ganz viel im Team machen." So gab es in ihrem Leben viele Menschen, „die wie Mentoren waren, von denen ich lernen konnte." Auch bei den jüngsten Entscheidungen für die Leitung des AWI und den Vorstand in der Helmholtz-Gemeinschaft habe sie den Rat gesucht. Bei ihrer Vorgängerin im Amt, Prof. Karin Lochte, bei Prof. Gerold Wefer, der die marinen Geowissenschaften in Bremen aufgebaut hat. Sie fragt Dinge wie: „Wie siehst du mich? Was passiert mit mir in so einer Rolle? Wie komme ich da rein und wie komme ich da wieder raus?"

Sie habe eine tolle Familie, die sie unterstütze und die ihr einen kritischen Geist mitgegeben habe: „Von den Eltern kam Unterstützung für Nachdenken, Fragen stellen, mutig in die Zukunft schauen". Ihr Vater – der Schriftsteller Henning Boetius – habe sie und ihre Geschwister dazu angeregt, sich selbst und andere ständig infrage zu stellen: „Wo ihr steht, was ihr denkt, was man euch erzählt." Beide Eltern seien kritische Geister und hätten das ihren Kindern vermittelt, im Sinne von „sich selbst und sein Verhältnis zur Welt zu beforschen. So ein Heraustreten aus dem Rahmen, ein Eindenken in das Umfeld." Und eben nicht, sich selbst zu zermürben und zu geißeln. Auf dieser Basis habe sie sich gefragt, wo sie produktiv sein kann und was dabei herauskommt. „Es kann mir durchaus auch mal nicht so guttun, wenn ich etwas mache. Wenn ich aber überzeugt bin, dass etwas Gutes dabei herauskommt, dann halte ich durch und mache weiter." Sie selbst hat keine Kinder, aber auch nie den Wunsch gehabt, eine Familie zu gründen. Auch das habe sie als Kind bereits gewusst, auch wenn sie Kinder sehr mag, sagt sie und nennt ihre Patenkinder und die Kinder von Freunden. Aber sie habe auch immer Partner gehabt, die als Seeleute selbst viel unterwegs waren.

Nicht immer ging alles glatt. „Es gab natürlich immer ein paar Tiefschläge, Verluste, Auseinandersetzungen. Aber insgesamt lief es bisher weitestgehend gut, vor allem wenn ich sehe, was anderen widerfährt." Bekümmert oder sorgenvoll sei sie nie gewesen, auch nicht ängstlich: „Ich habe mich immer für Neues, Weiterentwicklung interessiert und Stillstand vermieden." Aufgrund ihres politischen Engagements erhielt sie kein Empfehlungsschreiben für ein Stipendium. Durch ihr Engagement kam sie aber immer wieder in Rollen hinein, in denen sie Verantwortung trug – und aus der Menge hervortrat.

Bei einer Gehaltsverhandlung habe sie einmal festgestellt, dass sie als Frau weniger verdiene als die Kollegen. Das wollte sie nicht mitmachen. „Und einer der Männer hat geantwortet: ‚Naja, wenn Sie als Frau so viel verdienen würden wie ich, da wäre ich als Mann beleidigt.' Da habe ich mich dann gewehrt, weil so etwas nicht geht." Oft habe sie solche Situationen nicht erlebt, aber: „Wenn man stark ist und mutig, dann wehrt man sich. Wenn man so was schon öfter erlitten hat, dann kann man natürlich daran verzweifeln." Sie würde jungen Frauen am Anfang ihrer Karriere empfehlen, sich zu wehren und Haltung zu zeigen. „Man muss halt immer gut vorbereitet sein, dass man versteht, worum es geht. Und man muss zeigen, dass man Ungerechtigkeiten nicht hinnimmt, weder für andere noch für sich selbst." Sie selbst sei jetzt in einer Position, in der sie solche Klischees im Auge haben kann.

> „Grundsätzlich begrüße ich sportliche Konkurrenz. Sie hilft mir."

„Man hört das schon sehr häufig: Die Frau ist ja so bescheiden und still, die kann sich nicht wehren, ihr fehlt es an Stärke. Oder umgekehrt – Frauen, die laut werden, gelten oft als Zicken, während es bei Männern als normal betrachtet wird. Das kommt oft, gerade in Runden, in denen nur Männer sitzen, aber auch von anderen Frauen. Man muss solche Stereotype hinterfragen. Bei uns im Haus arbeiten wir an klareren Verfahren und einer durchgängigen Besetzung von Gremien mit genügend Diversität. Dann schwinden Stereotype."

Berufseinsteigerinnen empfiehlt sie zudem, mutig zu sein, sich auszuprobieren, flexibel zu sein. „Das heißt auch, bereit zu sein, ganz schnell auszutreten aus einem Pfad und anders weiterzumachen", wenn sich etwas als unbefriedigend, zu mühsam oder gar sinnlos herausstelle. „Denn es geht immer auch darum, herauszubekommen: ‚Was will und was habe ich? Was kann ich geben? Wo passe ich hin? Habe ich mein Leben so gebaut, dass es mir Kraft gibt, damit ich Energie habe und Dinge weitergeben kann?" Dabei müsse man auch achtsam sein, was andere versuchen einem einzureden. Womit sie wieder bei ihrem Netzwerk ist, das sie umgibt und ihr hilft, gute Entscheidungen für sich zu treffen.

Und der Umgang mit Konkurrenz? „Da gab es alle möglichen Formen. Grundsätzlich begrüße ich sportliche Konkurrenz. Sie hilft mir", sagt Antje Boetius. Meistens habe es bereits gereicht, wenn sie ihrem Konkurrenten mitgeteilt hat: „Es ist schön, dass du da bist. Du bist schlau und du bist schnell. Lass uns unsere Ideen austauschen. Dann genießen die meisten so-genannten Konkurrenten das und sind oft bald gute Kollegen. Weil es Spaß machen kann, sich zu messen, wenn man das nicht zu ernst nimmt." Auf diese Weise ist eine lebenslange Freundschaft mit einer Wissenschaftlerin aus ihrem Gebiet entstanden. Den von den Vorgesetzten befürchteten Kon-kurrenzkampf gab es nicht. „Als wir uns kennengelernt haben, mochten wir uns so sehr, dass wir seitdem alles Wissen teilen. Wir gönnen der anderen ihre Erfolge und freuen uns für die andere mit." Menschen, die aus einem ähnlichen Holz geschnitzt sind wie sie, würde sie viele kennen. Situationen, in denen sie nicht weitergekommen sei, habe sie irgendwann beendet, sich nicht weiter bemüht: „Ich habe schon ein paar Mal nachgegeben oder Dinge nicht weiterverfolgt, weil sie eher destruktiv waren." Ausschlaggebend war dabei auch der Gedanke, was sie ein solcher Kampf kosten würde. „Dann habe ich es gehen lassen."

Eine Sache, die Antje Boetius gern macht, ist: herauszutreten aus dem, was sie tut. Sich einer komplett neuen Sache zuzuwenden, auch die Perspek-tive zu wechseln. Als sie ihre ersten größeren Fördermittel eingeworben hat-te und sich auf die Forschung hätte konzentrieren können, habe sie in die Lehre investiert, ist Professorin geworden, hat sich in Kommissionen gesetzt. „Ich bin dadurch von außen anders gesehen worden." Sie bezeichnet es als zentral für ihren Erfolg, immer wieder rauszugehen, wenn sie irgendwo ange-kommen ist. Derzeit ist sie viel in den Medien präsent und interessiert sich für bildende Kunst und für das Theater mit der Frage: „Wo wird Neues ge-dacht, wo gibt es eine Plattform, um produktiv und kreativ über die Zukunft zu streiten, sie fühlbar zu machen?" Gemeinsam mit Sabine Kunst und Frank Raddatz will sie das „Theater des Anthropozäns" an der Humboldt-Universi-tät verankern, um „mit anderen Menschen über die Frage der Beziehung zwi-schen Mensch und Natur zu arbeiten". Mit den anderen beiden Initiatoren

LEBENSLANGES
LERNEN

PROFIL
BILDUNG

wolle sie „die Schönheit und die Zerbrechlichkeit der Natur auf die Bühne bringen, um zu deren Schutz anzuregen".

ANSPRUCH AN
FÜHRUNG

Einen per se weiblichen oder männlichen Führungsstil sieht Antje Boetius nicht. Auch an sich selbst stellt sie Eigenschaften fest, die als eher männlich oder eher weiblich gelten. Allerdings beschreibt sie einen Unterschied in der Bewertung von Eigenschaften und Fähigkeiten bei Frauen und Männern. Sie habe schon einige Male erlebt, dass ähnliche Verhaltensweisen wie zum Beispiel Stimmlautstärke, insistierende Redebeiträge oder Ironie bei Männern als Durchsetzungskraft gewertet werden und bei Frauen als Zickigkeit. „Es gibt eine ganze Bandbreite von Typen in jedem selbst, geschlechtsunabhängig und auch keine Garantie, dass Frauen per se alles besser machen. Das begründet aber nicht die Diskrepanz in den Ämtern, im Gegenteil." Sie kritisiert die immer noch offensichtlichen Unterschiede in der Bezahlung von Frauen und in der Besetzung von Stellen. Antje Boetius betrachtet Diversität als Vorteil – weil zahlreiche Perspektiven für spannendere Diskussionen und bessere Lösungen sorgen.

Nach einer Stunde ist das Gespräch vorbei. Blitzschnell fokussiert sich Antje Boetius auf den folgenden Termin, bereitet sich mit einem Blick in den Laptop vor. Und ist Sekunden nach dem Abschied bereits wieder in die nächste Aufgabe abgetaucht.

Antje Boetius

Jahrgang 1967

Kontakt
Prof. Dr. Antje Boetius

Alfred-Wegener-Institut
Helmholtz-Zentrum für
Polar und Meeresforschung
Am Handelshafen 12
27515 Bremerhaven

awi.de

Werdegang (Ausschnitt)

| Seit November 2017
Direktorin des Alfred-Wegener-Instituts (AWI)

| 2012 bis 2018
Vizedirektorin
des MARUM Exzellenzclusters,
Universität Bremen

| Seit Mai 2010
Externes Wissenschaftliches
Mitglied der Max-Planck-
Gesellschaft

| Seit März 2009
Professorin für
Geomikrobiologie,
Universität Bremen

| Seit Dezember 2008
Leiterin der HGF-MPG
Brückengruppe für
Tiefsee-Ökologie und -
Technologie, AWI

| Juni 2008 bis Dezember 2008
Professur für Mikrobiologie,
Jacobs University Bremen

| 2004
Gastprofessur an der
Universität Pierre et Marie Curie
(Paris)

| Seit November 2003
Leiterin der Arbeitsgruppe
„Mikrobielle Habitate",
Max-Planck-Institut für
Marine Mikrobiologie

| Sep. 2003 bis Juni 2008
Professur für Mikrobiologie
(Associate Professor),
Jacobs University Bremen

| September 2001
bis September 2003
Professur für Mikrobiologie
(Assistant Professor),
International University Bremen

| Februar 2001 bis Oktober 2003
Alfred-Wegener-Institut,
Bremerhaven
Seniorwissenschaftlerin

| Juni 1999 bis Januar 2001
Max-Planck-Institut für
Marine Mikrobiologie,
Bremen Postdoc

| 1996 bis 1999
Institut für Ostseeforschung,
Warnemünde Postdoc

| 1993 bis 1996
Alfred-Wegener-Institut,
Bremerhaven,
Promotionsstudentin

| 1990 bis 1992
Institut für Hydrobiologie und
Fischereiforschung, Hamburg
Studentische Hilfskraft

| 1989 bis 1990
Scripps Institution of
Oceanography, San Diego,
Kalifornien, USA
Studentische Hilfskraft

| Diverse Auszeichnungen
(z. B. Deutscher Umweltpreis
2018), Mitgliedschaften
(z. T. Vorsitz) in Gremien und
Gutachtertätigkeiten

Angelika Nowotny ist Gewandmeisterin mit eigenem Atelier.
Eigentlich sollte sie mit ihrer Abi-Note von 1,2
Medizin studieren, sie machte aber eine Schneiderlehre.

Kunst mit Nadel und Faden

Ihre Motivation: hochwertiges Handwerk ausüben,
Schönheit in die Welt bringen und keine Energie für
Nebensächliches verschwenden.

Angelika Nowotny

D üsseldorf-Flingern ist ein ehemaliges Arbeiterviertel. Bis heute stehen hier Häuser aus der Anfangszeit der Industrialisierung. Aber nicht nur: Es ist ein Mischgebiet mit Industrie, Autohandel und Wohnhäusern, deren Hauptaufgabe es eben nicht ist, Schönheit in die Welt zu bringen. Drumherum tost der Verkehr. Hinter dem Torbogen aber atmet alles einen speziellen Charme. Der Blick fällt auf die ehemalige Brotfabrik mit ihrer Fassade aus Backstein und Bogenfenstern. Die einstige Laderampe ist begrünt. Ein paar Frauen sitzen hier, um ihre Pause in der Frühlingssonne zu genießen. Und der Straßenlärm klingt fast wie Meeresrauschen.

Der Gegensatz mutet an wie ein Kulissenwechsel. Ein Begriff, der nicht nur wegen ihrer Arbeit für Theaterbühnen auf Angelika Nowotny passt. Ein schönes Umfeld sei ihr wichtig, betont die Gewandmeisterin. Wenn es nicht vorhanden ist, dann holt sie sich genau das ins Leben. Sie ist zudem überzeugt davon, dass schöne Dinge nur an einem Ort entstehen können, der Schönes bietet.

UMGANG MIT
KONKURRENZ

Ihr Atelier „das gewand" betreibt sie in dem markanten Gebäude aus dem 19. Jahrhundert. Im ersten Stock angekommen, eröffnet sich die ganze Pracht des Ateliers. Draußen, hinter den Fenstern hat Angelika Nowotny einen Dachgarten errichtet, es wächst und blüht in gefühlt 1000 Terrakotta-Töpfen. Für die Pflege hat sie eigens einen Gärtner eingestellt. Der wahre Schatz aber befindet sich auf den 700 Quadratmetern Atelierfläche vor den Fenstern. Hier schneidert ihr Team Kostüme: für die „Westside Story" bei den Salzburger Festspielen 2016. Und für die Oper „Roberto Devereux", die im selben Jahr an der New Yorker Metropolitan Opera aufgeführt wurde. Für das Bolshoi-Theater Moskau, De Nederlandse Opera Amsterdam, für das Royal Opera House, Covent Garden London. Für viele weitere internationale Bühnen. Im Jahr 2018 hat „das gewand" an 32 internationalen Produktionen mitgewirkt. 20 Angestellte beschäftigt Angelika Nowotny, hin und wieder arbeitet sie zudem mit kleinen Ateliers zusammen, um ihre Aufträge umsetzen zu können. Angst vor Konkurrenz hat sie nicht: Ihr Atelier sei das einzige in der Größe in Deutschland – als sie es gegründet hat, habe es keine anderen Gewandmeister mit eigener Firma gegeben, erzählt sie. Die Ateliers seien bis dahin an die Bühnen angebunden gewesen. Das habe sich zwar geändert, aber: „Ich habe zehn Jahre Vorsprung."

ORGANISATION

„Ich habe von gar nichts geträumt", antwortet die Gewandmeisterin auf die Frage, ob sie sich mit ihrem Atelier einen Lebenstraum erfüllt habe. Zumal sie kaum noch handwerklich arbeite. Ihre Aufgaben sind jetzt das Kaufmännische, das Administrative, das Organisatorische, die Kundenkontakte. Die Kalkulation geht so: „Das Geld wird erwirtschaftet über die Arbeit der Meister und Gesellen, über deren Stundenpreis. Sie brauchen also eine gewisse Menge an Handwerkern, damit die das Geld aufbringen für das Administrative. Ich habe mindestens 16 Handwerker, um das finanzieren zu können." Und auch für etwas anderes ist eine solche Größe wesentlich: Um einen Auftrag mit 200 Kostümen für eine Bühne leisten zu können, muss ihr Team groß genug sein, damit die Arbeit in einem angemessenen Zeitraum zu schaffen ist, zumal bei attraktiver Gewinnspanne. Kurz: Größer soll ihr Atelier nicht werden, kleiner geht nicht.

EXPERTISE

Von Beginn an hatte Angelika Nowotny einen Gesellen mit an Bord, Ulrich Baumann, der heute als Meister mit ihr arbeitet. Ihn bezeichnet sie als „großen Unterstützer", als „Grundfeste der Werkstatt". Mit ihm könne sie sich intensiv über Kostümentwürfe und die praktische Umsetzung austauschen, konstruktiv mit ihm diskutieren. Auch die meisten anderen Mitarbeiterinnen sind schon seit Jahren bei „das gewand" beschäftigt. Manche ihrer Auszubildenden haben zwischenzeitlich in anderen Ateliers Erfahrungen gesammelt, um wieder zu ihr zurückzukommen. „Meine Gewandmeisterinnen rekrutieren sich aus meinen Gesellinnen. Wenn ich jemanden von außen hole, klappt das meistens nicht. Meine Sprache ist offenbar so speziell und auch die Qualität, die ich in diesem Betrieb verwirklichen will – die muss man offenbar erst ein paar Jahre lernen." Wenn ein Kunde seine Erwartungen nur ungenau beschreiben kann, dann erfasse sie schnell, was er will. Sagt jemand beispielsweise: „Androgyne Figur um 1870", dann wisse sie, was erwartet wird und müsse nur ein paar Fragen zum Charakter der Figur stellen. Der Kostümbildner der jeweiligen Bühne hat zuvor die Ideen für das Design entwickelt. „Unsere Aufgabe ist es, dieses Bild umzusetzen", erläutert Angelika Nowotny ihre Arbeit. Sie sagt, dass sie eine „Landkarte der Epochen" im Kopf habe. Gemeinsam mit ihrem Team versuche sie, Kostümen eine Seele zu geben.

Die Stile der Kostüme sind je nach Produktion sehr unterschiedlich. Bei „Romeo und Julia" so zart und durchsichtig, dass kaum eine Nadel so fein ist, sie nähen zu können. Üppig, barock, ein Meer aus Stoff für „Madrigalen: Il

Ballo delle Ingrate". Streng und figurbetont für „Don Carlos". Für die Produktion „Freischütz" hat Angelika Nowotny das Material für manche Kostüme im Baumarkt eingekauft. Bei einer anderen Produktion hat sie Stoff mit Goldfaden besticken lassen. Kostenpunkt: 400 Euro pro Meter Stoff.

Mit Menschen zu arbeiten – das war es, was Angelika Nowotny wollte, und was sie bei einem Praktikum in einem Museum vermisste, das sie nach ihrer Schneiderlehre absolvierte. Beides war die Voraussetzung, um Restauratorin werden zu können, so ihr ursprünglicher Berufswunsch. Eine Bekannte habe ihr damals von einer freien, allerdings befristeten Stelle als Schneiderin am Staatstheater Darmstadt erzählt, erinnert sich die gebürtige Konstanzerin an ihren Einstieg an einer Bühne. Ihr ästhetisches Empfinden führt auf die Umgebung ihrer Kindheit am Bodensee zurück. Sie sei in „nicht so schönen familiären Verhältnissen aufgewachsen", erzählt Angelika Nowotny: „Aber kaum ist man zur Tür raus, ist man ja im Paradies. Und ich glaube, daher rührt diese Vorstellung von ‚Es geht mir gut, wenn ich ein Paradies vor der Haustür habe'." Sie habe eine ganz genaue Vorstellung von Ästhetik und Vollkommenheit: „Irgendwas jedenfalls, was richtig ist und Substanz hat und in die Tiefe geht. Das hat mich immer interessiert." Das sei auch ihr Motor für ein Arbeitspensum von 360 Stunden im Monat. Es gehe ihr um Perfektion und darum, die vorhandenen Möglichkeiten zu nutzen: „Keine Zeit und keine Energie zu verschwenden mit Dingen, die nebensächlich sind oder die nichts zur Sache beitragen. Aber das ist schwierig am Theater."

Sie hat in verschiedenen Häusern gearbeitet – in Düsseldorf am Schauspielhaus und an der Oper, in Frankfurt am Main an der Oper, in Hamburg, Stuttgart und Amsterdam. „Mir schnürt es in den Häusern immer die Luft ab. A, weil man nicht hinausgucken kann. Und B, weil ganz viel Zeit verbraucht wird mit zwischenmenschlichen Konflikten und systemischen Gepflogenheiten." So sei sie irgendwann auf den Gedanken gekommen, dass es an ihr liege und nicht an den Bühnen, dass sie dort nicht zufrieden sei. „Weil ich es nicht ertragen kann, wenn man mir etwas sagt, was ich nicht einsehe." Es habe natürlich Momente gegeben, an denen sie alles hinwerfen und zurück in eine Anstellung wollte: Geregelte Arbeitszeiten, festes Gehalt und krank sein dürfen sei verlockend. Aber: „Dann habe ich das wiedergesehen, überall war es dunkel. Und, nee. Das geht nicht für mich."

In ihrer Familie gibt es keine Verbindungen zum Theater. Die Schneiderlehre habe sie gemacht, weil sie handwerklich arbeiten wollte, nicht akademisch. Und dann spielte der Zufall eine Rolle. Als sie die besagte Stelle am

Staatstheater Darmstadt hatte, ist sie nach Feierabend eingesprungen. Eine Rolle war umbesetzt worden, das Kostüm musste schnell noch angepasst werden. Ihre Vorgesetzte sagte ihr, dass sie sich dann auch die Oper ansehen müsse. Eine Inszenierung von Kurt Horres mit Deborah Polaski, Cheryl Studer und Anny Schlemm. Nach der Vorstellung war Angelika Nowotny begeistert von der Bildsprache der Bühne, der Wucht der Musik: „Und so habe ich mir gesagt: ‚Ich will nie wieder irgendwo anders arbeiten, als am Theater'". Nach dem befristeten Vertrag war sie ein Jahr an einem anderen Theater tätig, danach kehrte sie als Kostümassistentin nach Darmstadt zurück. Dort hatte sie das Gefühl, dass der Abschluss als Gesellin nicht für das reichen würde, „was ich bewirken will". Und so hat sie sich entschieden, sich in Hamburg an der Fachschule für Gestaltung zur Gewandmeisterin ausbilden zu lassen. Ihren Meister

> „Ich will nie wieder irgendwo anders arbeiten, als am Theater."

hat sie 1989 gemacht. Es folgten weitere Stationen, fünf Jahre später hat sie in Düsseldorf mit „das gewand" ihr eigenes Unternehmen eröffnet. In der ersten Zeit hat sie im eigenen Wohnzimmer gearbeitet, im zweiten Jahr mietete sie sich ein Atelier, in dem sie drei Jahre lang auch wohnte. Auf 90 Quadratmetern. Eines ihrer Ateliers befand sich in der Düsseldorfer Altstadt, sie schneiderte im Schaufenster. Als sie es einmal von außen sah, habe sie sich an ein Buch von Madeleine Vionnet erinnert, einer Modedesignerin in den 1930er Jahren. „In dem Buch gab es ein Schwarz-Weiß-Foto von ihrem Laden, wie der aussah. Da dachte ich: So soll auch mein Atelier sein." Und so war es dann auch. Weitere Vorbilder habe sie nicht gehabt.

Als sie sich selbstständig machte, gab sie sich sieben Jahre Zeit, um zu sehen, ob sie sich auf dem Markt der Theaterwelt behaupten kann. Zu Beginn wollte sie nicht nur Kostüme, sondern auch Entwürfe für Privatkunden umsetzen. Doch es zeigte sich schnell: Beides geht nicht. Heute arbeitet sie kaum noch handwerklich: „Ich bin mittlerweile nur noch Richtungsgeberin." Sie könne gut abgeben, weil ihre Mitarbeiterinnen und Mitarbeiter sehr professionell arbeiten. Und was macht ihren Führungsstil sonst aus? „Ich bringe die Mitarbeiter hier sehr an ihre Grenzen, was ihre berufliche Entwicklung anbelangt." Wenn sie sehe, welches Potenzial jemand im Team habe, dann gebe sie ihm eine passende Aufgabe – beispielsweise Stoffe zu drapieren, einen Entwurf umzusetzen oder ein kleines Team zu leiten. Diese Teams mischt sie immer wieder und freut sich, dass sie – über die fachliche Arbeit hinaus – auch Men-

Angelika Nowotny möchte hochwertiges Handwerk
ausüben und Schönheit in die Welt bringen –
wie mit diesem Kostüm für das Ballett „Cinderella",
das 2012 erstmals von Het Nationale Ballet
Amsterdam gezeigt wurde.

schen prägen kann. „Man kann ihnen eine Ästhetik an die Hand geben oder zeigen, wie man gut zusammenarbeitet. Hier ist Luft, hier ist Licht, es ist freundlich und klar", beschreibt sie ihr Atelier und sagt: „Man sollte sich etwas überlegen, das über die eigene Biografie hinausgeht." Manche Menschen würden das über ihre Kinder machen. Sie sehe die Arbeit mit jungen Menschen als etwas, das über ihr Leben hinausweist. Sie selbst habe keine Kinder. Sie hätte gern welche gehabt, aber nicht um jeden Preis. „Ich wollte nie alleinerziehende Mutter sein." Einige Zeit sei sie deshalb unglücklich gewesen: „Aber jetzt bin ich zufrieden.

Ich habe ja mit meinem Atelier etwas, das über mein Leben hinaus geht", sagt die Gewandmeisterin, deren Partner in Hamburg lebt. Angelika Nowotny möchte, dass ihre Mitarbeiterinnen und Mitarbeiter ihre Arbeit wertschätzen und regt sie deshalb an, ihre Stücke abends auf die Puppe zu drapieren, „damit sie sich daran freuen, wenn sie am kommenden Morgen wiederkommen." Und sie betont: „Wir sind schon auch Kunstwerker."

„Nicht der allerbeste", beschreibt sie ihren Führungsstil und lacht. Personalleiterin zu sein, sei nicht ihre hervorstechende Eigenschaft, zumal sie sehr emotional sei, sagt sie. „Aber ich muss natürlich auch die Menschen dazu bringen, dass sie den Betrieb voranbringen." Hier suche sie stets die Balance. „Personalführung ist das Schwierigste von allem. Man kann sich vom Finanziellen distanzieren und von den Kunden – aber von den Mitarbeitern kann man sich nicht distanzieren." Zum Zeitpunkt des Gesprächs war Angelika Nowotny dabei, ihren Betrieb umzustrukturieren – ihre künftige Mitgesellschafterin verfüge über größere Stärken in Sachen Personalführung und solle für diesen Bereich stärker verantwortlich sein. Führen sei auch für die Qualität der Arbeit relevant. „Wenn das Atelier nicht in einer guten Verfassung ist, können Sie keine hervorragende Arbeit bringen", betont die Gewandmeisterin. Die Grundvoraussetzung für gute Arbeit sei ein Team, in dem es allen gut gehe. „In diesem Atelier sind schon spezielle Persönlichkeiten. Man arbeitet viel, sehr konzentriert – und man ist schlecht bezahlt. Also muss es irgendetwas geben, dass man hierbleibt. Und das ist die Arbeitsatmosphäre", sagt Angelika Nowotny zwischen den großen Fenstern, den rückenfreundlich ausgerichteten Tischen, den ausgesuchten Bildern an den Wänden, den hochwertigen Stoffen. Und dann gibt es noch die Küche mit dem riesigen Tisch, an dem fast das ganze Team für gemeinsame Mahlzeiten

„Man sollte sich etwas überlegen, das über die eigene Biografie hinausgeht."

UMGANG MIT HINDERNISSEN

ANSPRUCH AN FÜHRUNG

ORGANISATION

Platz nehmen kann. Angelika Nowotny arbeitet ausschließlich mit Festangestellten. „Von mir wird immer Höchstleistung erwartet, wir arbeiten ja in der hochpreisigen Kategorie. Zudem müssen wir immer alle Probleme lösen, kreativ Spitzenergebnisse erzielen. Das geht nicht mit freien Mitarbeitern."

Angelika Nowotny geht zu den Fenstern, durch die sie aus ihrem Büro direkt ins Atelier blicken kann: „Gucken Sie, daraus schöpfe ich Energie", sagt sie, während sie auf ihr Team weist, das an Puppen und auf Tischen an den Kostümen arbeitet. Es herrscht eine konzentrierte Stimmung. Es wird wenig geplaudert. Hin und wieder fällt eine fachliche Frage, es wird gelacht. Ihre Arbeit mache sie wegen der Hochwertigkeit, wegen der menschlichen Begegnungen, natürlich auch, weil sie damit ihr Geld verdient, und: „Ich mache es, weil ich extreme Freiheiten habe." Sie habe keinerlei Kämpfe auszustehen mit Menschen, die sie beschränken wollen, erzählt sie und setzt sich wieder an ihren Schreibtisch, gefolgt von den Blicken ihres Hundes, der immer bei ihr ist.

LEBENSLANGES LERNEN

UMGANG MIT HINDERNISSEN

Als Chefin erledigt Angelika Nowotny Aufgaben, von denen sie dachte, dass sie nicht begabt dafür sei. Bis 2012 wurde ihre Werkstatt nicht digital unterstützt. „Das wurde immer mehr zum Problem, weil ich das Gefühl hatte, dass mir die Organisation entgleitet." Hinzu kam, dass ein Produktionsleiter aus dem Atelier ausgeschieden ist, der viel kaufmännische und organisatorische Arbeit übernommen hat. „Da stand ich plötzlich ganz alleine da." Mithilfe einer Förderung des Landes Nordrhein-Westfalen nahm sie sich einen Betriebsberater. In der Folge stellte sie eine kaufmännisch ausgebildete Sekretärin ein. Und sie ließ sich eine Software entwickeln – für Kalkulationen, das Festhalten von Arbeitszeiten, das Schreiben von Rechnungen, den Materialfluss. „Ich muss immer wissen, bin ich noch in meiner Kalkulation? Ich muss ja im Angebot bleiben und kann nicht nachverhandeln. Oder wenn, dann nur mit guten Argumenten. Zudem muss ich gucken, wie weit wir sind. Oder ob ich mit dem Kunden reden muss. Das alles kann ich mit dieser Software ständig einsehen."

BERUF UND BEGABUNG

Jungen Frauen rät sie, „einen Beruf zu wählen, in dem man etwas tut, was man gerne machen möchte und gut kann. Egal, ob der Beruf eine gute Prognose hat oder nicht." Das sei wichtig. Zudem müsse man den Weg gehen, der sich einem öffnet. Das, was ihr beruflich widerfahren ist, habe sich entwickelt: „Ich hatte keine Ahnung wo das endet." Sie habe sicherlich auch viel Glück gehabt, aber: „Wenn sich ein Weg zeigt, dann muss man den natürlich auch nehmen. Und man muss Mut haben, etwas zu tun. Den hat man aber nur, wenn man ganz tief drinnen weiß, dass man das kann." Sie hält es für problematisch, dass manche Menschen nicht den Beruf wählen, für den sie eine Begabung haben, nur weil der nicht erfolgversprechend ist oder gesellschaftlich etwas darstellt. „Ich glaube, dass das gerade für das Handwerk ein Problem ist. Denn es braucht ja auch kluge Handwerker." Sie selbst wäre zum Beispiel lediglich eine mittelmäßige Kostümbildnerin geworden – das sind diejenigen, die die Kostüme entwerfen. „Ich hätte das gekonnt, aber ich wäre da nicht weitergekommen." Sie habe aber in ihrem Handwerk eine Begabung und wolle etwas erreichen. Sie sei „ein intelligenter und fleißiger Mensch und das habe ich eingesetzt. Dadurch bin ich weitergekommen. Und ich arbeite jetzt nicht irgendwo, wo ich nicht weiterkomme." Deswegen sei ihr Weg bis heute noch offen. Sie wisse nicht, was noch kommt. Im Handwerk sei sie nie überfordert gewesen, wohl aber im Kaufmännischen – und dort habe sie sich Hilfe geholt.

Zu Beginn des Gesprächs hatte einige Male das Telefon geklingelt, bis Angelika Nowotny es auf das ihrer Mitarbeiterin umleitete. Hin und wieder kommt eine Gesellin herein und fragt nach der Einarbeitung von Details in ein Kostüm. Nähmaschinen rattern, der angestellte Gewandmeister bittet den Fotografen, doch mal eine Aufnahme von einer Figurine zu machen – das Team brauche das Foto für einen Auftraggeber. Angelika Nowotny bleibt konzentriert und lacht, bevor sie auf die Frage antwortet, ob es bei ihrer Arbeit irgendwann mal eine Rolle gespielt habe, dass sie eine Frau sei. Klare Antwort: „Nein." Das sei auch nicht anders gewesen, als sie angestellt gewesen sei. So etwas würde sie sich auch nicht gefallen lassen, betont sie, und: „Aber dieser Künstlerbereich ist vielleicht auch etwas anderes als andere Berufe."

„Ich halte es für einen Standesdünkel, dass man eine akademische Ausbildung machen muss, um in der Gesellschaft Anerkennung zu finden. Die Kategorie Schneiderin, Friseurin und Tischler oder Schreiner – das ist meine Ebene, glaube ich – wird in der Gesellschaft nicht anerkannt." Da sie im Theaterbereich arbeite, würde sie anders angesehen: „Aber als reine Schneiderin wäre das schwieriger." Sie habe aber ihren Beruf nur gefunden, weil sie an ihre Begabung geglaubt habe. „Und: Ich habe das gewagt, weil ich das wollte, nicht weil ich irgendjemanden gesehen habe, der das macht und ich wollte das dann nachmachen."

Angelika Nowotny

Jahrgang 1961

Kontakt
Angelika Nowotny
das gewand GmbH
Ronsdorfer Straße 77a
40233 Düsseldorf

Telefon +49 (0) 211 314963
info@dasgewand.com

dasgewand.com

Die Gewandmeisterin gründete 1994 in Düsseldorf ihr Atelier „das gewand". Hier fertigt sie mit 20 Mitarbeiterinnen und Mitarbeitern Kostüme für Oper, Ballett, Musical und Film an. Tätig ist sie für internationale Bühnen, wie die Metropolitan Opera, New York, das Bolschoi-Theater, Moskau, De Nederlandse Opera, Amsterdam und die Suntory Hall, Tokyo.

Angelika Nowotny absolvierte eine Ausbildung zur Damenschneiderin und sammelte mehrere Jahre Theatererfahrung als Schneiderin und Kostümassistentin an Bühnen in Darmstadt und Frankfurt am Main. 1989 beendete Angelika Nowotny die Fachhochschule für Gestaltung als Gewandmeisterin. In dieser Funktion arbeitete sie bis 1993 am Staatstheater Kassel, an der Deutschen Oper am Rhein in Düsseldorf und am Staatstheater in Stuttgart.

Anja Hradetzky betreibt gemeinsam mit ihrem Mann Janusz
den Hof „Stolze Kuh" in Brandenburg
mit der Methode der wesensgemäßen Tierhaltung.

Die Bullen und die Bäuerin

Ihre Philosophie lautet: „Entwicklungen ermöglichen,
Chancen geben". Zur Landwirtschaft ist sie
durch die Suche nach einem guten Leben gekommen.

Anja Hradetzky

An der Tür hängt ein Zettel: „Ich bin im Reiferaum." Alles klar. Nur: Wo ist der Reiferaum? Zusammen mit Hofhund Juri, der uns freundlich begrüßt hat, beginnt eine kleine Suche quer durch das verwinkelte Gebäude. Wir rufen. Irgendwann eine leise Stimme: „Hier bin ich." Eine schwere Tür öffnet sich, dahinter steht eine Frau mit Haarschutz, Schürze, Gummistiefeln, in der Hand einen Laib Käse – und der Stimme von Anja Hradetzky. Der Schwall kalte Luft, der sie an diesem heißen Sommertag umgibt, kontrastiert die Stimmung: Es ist ein herzliches Gespräch, das schnell eintaucht in den Alltag der Milchbäuerin, die durch ihr Leben zu stürmen scheint. Für ein entspanntes Gespräch am Tisch ist keine Zeit. Am Ende haben wir fünf Interviewschnipsel aufgenommen, geführt an drei Orten: im Reiferaum, auf Fahrten im Pickup und auf der Weide zwischen Kühen und Kälbern. Es geht sofort um tiefe Lebensthemen. „Ich kann keinen Smalltalk", sagt Anja Hradetzky.

BERUF UND
FAMILIE

PROFIL-
BILDUNG

NETZWERK

Es ist genau das Leben, von dem sie – auch gemeinsam mit ihrem Mann – lange geträumt hat und das sie seit 2013 mit Janusz und ihren inzwischen zwei Söhnen führt. Janusz hat sie während des Studiums kennengelernt. Es hat von Beginn an gestimmt, mittlerweile sind sie zudem ein erwiesenes Team. Bewusst sind sie nach dem Studium – und Anjas Zeit in Kanada und als Herdenmanagerin in Brandenburg – gereist und haben auf diversen Höfen nicht nur Facetten der Landwirtschaft kennengelernt, sondern auch ihre Partnerschaft erprobt. „Ich sehe das bei unserem Jungbauern-Netzwerk, dass manche das eben nicht schaffen. Weil es auch viel Arbeit ist." Wenn man als Paar zusammenarbeitet, sei es besonders wichtig, sich Zeit füreinander zu nehmen, zu reflektieren, im Gespräch zu bleiben und die Arbeit immer wieder so aufzuteilen, dass es passt. Grundsätzlich sieht das so aus: „Mein Mann macht die Außenwirtschaft, also Kühe, Wiesen und Felder. Ich melke, organisiere die Vermarktung und habe Freude an der Öffentlichkeitsarbeit." Am Tag des Interviews schlafen die Kinder beide das erste Mal woanders. Es ist der erste Abend, den das Paar allein verbringt – seit zweieinhalb Jahren. Seit dem Betriebsbeginn vor fünf Jahren gibt es nun wieder Zeit für

Hobbies. Janusz Hradetzky schraubt an Motorrädern, Anja hat seit ein paar Wochen Pferde und auch wieder Lust, sich um weitere Themen zu kümmern, beispielsweise die Gründung einer Schule.

Pferde haben sie letztlich auch zu dem geführt, was sie heute macht. Und der Philosophie-Kurs in ihrem Gymnasium: Sie sei ganz anders aufgewachsen, als sie jetzt lebt. „Ich habe mich in meiner Kindheit nicht wohl gefühlt und war dann immer auf einem Pferdehof unterwegs, habe dort gearbeitet und durfte reiten." Das war das eine, und: „Über einen Philosophie-Lehrer an meiner Schule und die anderen in dem Kurs habe ich angefangen, mich damit auseinanderzusetzen, was ich will und was ein gutes Leben ist." Als sie bei ihren Eltern ausgezogen ist, habe sie auf der Suche nach einem solchen Leben u.a. auf Höfen gearbeitet. Die Arbeit mit Tieren habe sie bei aller Härte genossen. „Ich war auf der Suche und habe das gefunden", erzählt Anja Hradetzky und ergänzt: „Ich habe halt kein gutes Verhältnis zu meinen Eltern. Und jetzt ist es so, wenn die Kühe mütterlich zu den Kälbern sind, dann erfüllt mich das so, dass ich meine Kindheit aufarbeiten kann."

Als die Frage nach einem Studium aufgekommen ist, ist ihre Wahl auf „Ökolandbau & Vermarktung" an der Hochschule für Nachhaltige Entwicklung in Eberswalde gefallen: Das Fach sei ihr sehr an der Praxis orientiert erschienen, deshalb habe sie sich dort eingeschrieben. Ein Vorbild für ihren Beruf gab es nicht in ihrer Familie. „Eher das Gegenteil." Die mütterliche Seite ihrer Familie zieht zudem in Zweifel, was sie macht – obwohl sie ihre Philosophie bereits lebt und davon ihre Familie ernährt. „Meine Oma sagt: ‚Du kannst die Welt ohnehin nicht verändern.'" Ihre Mutter äußerte sich ähnlich. Aber: „Ich habe das nie geglaubt." Deshalb gehe sie ihren Weg weiter – auch weil sie anderen, die ähnliches hören und deshalb aufgeben wollen, vermitteln möchte, an die eigenen Träume und Wünsche zu glauben. „Ich möchte auch denen beweisen, dass es geht, dass es richtig ist und dass sich jede auf den Weg machen sollte, das zu leben, was sie meint. Ich mache jeden Tag das, was ich will. Und auch wenn's anstrengend ist und manchmal auch nervt, mache ich genau das, was mich erfüllt." Die Philosophie, die sie dabei antreibt, ist folgende: „Ich möchte, dass alle Menschen ihren Traum leben, weil die Welt dann eine andere wäre", erzählt sie, während wir im gelben Pickup des Hofes über

„Ich möchte auch denen beweisen, dass es geht, dass es richtig ist."

holprige Straßen rappeln. Irgendetwas quietscht. Ein Seitenspiegel wackelt im Takt der Schlaglöcher.

Ihren Traum leben die beiden auf 220 Hektar Land, sie haben einen Stall mit Anbau für die Verarbeitung und den Hofladen gepachtet. Sie haben 130 Rinder, davon sind 40 Kühe, die Tiere weiden im Nationalpark Unteres Odertal. Sieben Mitarbeiterinnen und Mitarbeiter unterstützen die Hradetzkys: „Wir haben den Hof aufgebaut und einige Arbeitsplätze geschaffen. Vor allem auch für Frauen. Sie arbeiten mit auf dem Hof und in der Käserei, wo wir unsere Milch weiterverarbeiten. Das ist total schön, weil wir viele aus Hartz 4 geholt haben und sie sich langsam an die Arbeit gewöhnen können." Darin spiegelt sich auch die Philosophie des Hofs wider: „Dieses ‚Entwicklungen ermöglichen und Chancen geben‘, auch das ist uns wichtig und ein Traum von uns." Später nennt sie noch die „Selbstermächtigung", die sie anderen Frauen ermöglichen möchte. So war sie zum Beispiel im Sommer 2019 zu einer Tagung in Dubai eingeladen, um sich mit Frauen aus aller Welt über die Arbeit in der Landwirtschaft auszutauschen: „30 Frauen aus 25 Nationen und alle waren so drauf wie ich." Darunter waren auch Frauen in Führungspositionen von Ministerien arabischer Länder.

Sie selbst führt so: „Mir ist es generell wichtig, dass Menschen, die bei uns mitmachen, selbst organisiert und verantwortungsvoll arbeiten. Bei so viel Offenheit ist es meist eine Gradwanderung, weil letztlich ja doch wir die Verantwortung tragen. Hauptsächlich ist es, glaube ich, die Energie, die stimmen muss. Also auch der Lebensrhythmus, der Takt. Dann läuft auch der Rest." Kurz vor dem Interview hat das Paar eine Hilfskraft entlassen. Was war der Grund? Und wie ist die Kündigung gelaufen? „Naja, er hat halt ganz anders gearbeitet, als wir das brauchten. Er ist anders strukturiert." Weil er den Käse nicht sortiert habe, wie es besprochen war, könne sie beispielsweise im Reiferaum nicht erkennen, welcher Käse noch reifen muss und welche Laibe schon verkauft werden können. Jetzt müsse sie das prüfen. Auch das war ein Signal dafür, dass es nicht gepasst habe. „Das Gespräch hat Janusz mit uns geführt, das war ganz entspannt. Janusz macht das richtig gut." Während sie

Auf der Suche nach einem guten Leben,
ist Anja Hradetzky zur Landwirtschaft gekommen.
Auf ihrem Hof im Nationalpark Unteres Odertal
lebt sie gemeinsam mit ihrem Mann, ihren Kindern,
sowie Kühen und Pferden ihren Traum.

das sagt, wirkt sie sachlich, ganz fokussiert auf die Frage, wie der Hof in Schwung bleibt und möglichst gut organisiert wird. Anja Hradetzky denkt nach vorne.

UMGANG MIT KRITIK

Sie beschreibt ihren Umgang mit Niederschlägen so: „Irgendwie ist das in mir so angelegt, dass, sobald etwas passiert, sofort mein Gehirn rattert und versucht, etwas Positives an der Sache zu finden. Meistens, wenn ich dann wieder ruhig atme, ist das schon tief in mir verankert und dann kann ich weitergehen." Als Motor empfindet sie Rückschläge allerdings nicht. Und wie ist das mit Kritik? „Finde ich schon schwierig. Das braucht Zeit, bis es durchsickert, und dann kann ich die kritischen Punkte reflektieren", fasst sie kurz zusammen, um sich dann wieder auf die Straße zu konzentrieren. Anja Hradetzky zeigt nach rechts. Dort stehen einige ihrer Kühe. Sie bremst das Auto ab, öffnet den Zaun, fährt den Pickup hindurch und ist kurz nach dem Aussteigen schon beim Wassertank, um ihn für die Kühe zu öffnen. Während das Wasser in den Trog rauscht, ruft sie zwei ihrer Kühe, die Kälber versorgen. Bei der Kälberaufzucht herrscht Arbeitsteilung auf dem Hof „Stolze Kuh": Manche Kühe ziehen nicht nur ihr eigenes Kalb auf, sondern noch ein zweites. Die Mutter dieses Kalbs hingegen wird gemolken. Aber auch diese Kühe können ihr Kalb sehen und Kontakt aufnehmen. Die Milch und die Milchprodukte verkauft Anja Hradetzky im Hofladen und auf Märkten, beispielsweise im nahen Berlin.

UMGANG MIT HINDERNISSEN

Einen Betrieb mit Milchvieh hätte sie sich früher nicht vorstellen können. Am Anfang habe sie nur Fleischrinder haben wollen, wie sie es in Kanada kennengelernt hatte. Der Grund: Sie habe immer gedacht, dass sie um vier Uhr morgens zum Melken aufstehen muss. „Jetzt machen wir es um 6 Uhr und es geht. Wir melken auch nur einmal am Tag. Unsere Tiere geben nicht so viel Milch. Das passt. Wir haben das ausprobiert, als ich auf Lesereise war und es gar nicht anders ging. Es funktioniert", erläutert Anja Hradetzky die Arbeit auf ihrem Hof.

UMGANG MIT HINDERNISSEN

MOTIVATION

„Wir hatten unsere Idee und wussten, das kriegen wir woanders nicht durchgesetzt, also haben wir uns unseren eigenen Hof aufgebaut." Dass der nun ausgerechnet im brandenburgischen Lunow-Stolzenhagen steht, ist Zufall gewesen. Die Hradetzkys waren auf der Suche nach einem neuen Zuhause auf dem Land, weil sie dort ihr erstes Kind bekommen wollten. Anja war hochschwanger, Janusz saß an seiner Master-Arbeit, als eine Freundin ihnen ein Wohnungsangebot zeigte. Im Schloss Stolzenhagen. Ein Glücksfall, wie sich herausstellte. Denn dort wohnten auch einige andere Familien, die ihnen Tipps gaben für Möglichkeiten, in der Nähe einen Hof aufzubauen – auf Flächen des Fördervereins Nationalpark Unteres Odertal. Vorher haben die beiden niemanden dort gekannt. Dennoch ging nach dem Umzug alles schnell: „Wir sind im August hierhergezogen und im November des Jahres darauf haben wir den Betrieb angemeldet." Zuvor hatten sie zwei Möglichkeiten, Höfe zu übernehmen, die sich aber zerschlagen haben, weil die Vorbesitzer nicht richtig loslassen konnten. „Und jetzt sind wir halt hier. Das kann ich auch jedem anderen empfehlen. Einfach machen. Der Rest kommt dann schon, wenn die Leute sehen, wie man ist und wie man arbeitet."

Das sieht bei Anja Hradetzky so aus: „Wir halten unsere Kühe wesensgemäß, das heißt ausgerichtet an ihren Bedürfnissen." Das reiche viel weiter als artgerecht. Laut Anja Hradetzky sind Kuh und Kalb nach der Geburt bis zu sechs Monate zusammen. Das Kalb trinkt mehrfach täglich am Euter, bis zur dritten Woche bleibt es mit seiner Mutter stärker für sich, erst danach schließen sie sich wieder ganz der Herde an. Nach drei Tagen beginnen Kälber, Gras zu fressen. Die Tiere führen Anja und Janusz Hradetzky nach der Methode ‚Low Stress Stockmanship'. „Weil das hier in Deutschland nur wenige verstehen, werde ich ‚Kuhflüsterin' genannt." Ihr Wissen dazu teilt sie und bietet außerdem Seminare in wesensgemäßer Tierhaltung an: „Ich gebe also das weiter, was ich mir in Kanada angeeignet und auf verschiedenen Höfen bei meinen Reisen und auch hier in Stolzenhagen vertieft habe."

Die Seminare tragen den Titel „Mit Körpersprache Rinder bewegen". Hinzu sollen in Kürze Workshops kommen, die „Der Bulle und die Bäuerin" heißen. Denn Anja Hradetzky hat beobachtet, dass die Bäuerinnen die Führung der Bullen an ihre Männer abgeben. Aber: „Ich habe das halt so kennengelernt, dass die Bullen auch nur Rinder sind." Deshalb reagierten die genauso wie die Kühe. Viele Bäuerinnen seien ängstlich gegenüber Bullen: „Aber ich möchte, dass die Frauen lernen, damit umzugehen." Sie ist sich sicher, dass auch Frauen Bullen führen können. Andere Unterschiede lassen sich nicht so einfach angleichen. Beispielsweise, wenn Bäuerinnen mit alten Maschinen arbeiten müssen: „Da häng' ich dran wie so ein Schlappi. Und dann fühle ich mich auch scheiße. Und dann kommt Janusz und macht's mit einem Finger. Da gibt es einfach Unterschiede. Mit der neuen Technik geht schon vieles besser. Aber, klar, wir haben nicht nur neue Technik."

„Da häng' ich dran wie so ein Schlappi. Und dann fühle ich mich auch scheiße."

Wird ihr denn von anderen gezeigt, dass sie als Frau manche Dinge nicht kann? Anja Hradetzky erzählt von einer Situation, wo sie sich beweisen und zeigen wollte, dass sie gut mit einer Kuh umgehen kann. Sie „habe das total unterschätzt, als ich ihrem Kalb Ohrmarken setzen wollte. Die war dann so wütend, dass sie mich fast zertrampelt hat. Für die Männer, die dabei gewesen sind, war das ein Schock", erzählt die Milchbäuerin, und: „Ich habe eine Weile gebraucht, bis ich wieder so arbeiten konnte wie vorher."

Jüngeren Menschen würde sie raten, in dem Bereich, in dem sie gern arbeiten möchten, verantwortungsvolle Stellen zu übernehmen: „Vielleicht erst als Trainee, aber dann aufs Ganze gehen. Ich weiß, da muss man tausend Mal über seinen Schatten springen, aber es lohnt sich. Nur so kommt man voran." Wobei sie die „Kinder-und-Karriere-Frage" noch nicht gelöst hat. „Da braucht es vielleicht einen Aufruf an alle, die junge Mütter unterstützen können: ‚Wir brauchen euch!' Die Hradetzkys koordinieren sich dabei so: „Wir teilen uns das auf. Und das dann auch abhängig von der Arbeit. Das geht vor allem, seit die Kinder etwas größer sind. Als ich noch gestillt habe, war das natürlich noch anders."

VERNETZUNG

Anja Hradetzky ist – nicht nur in Dubai – ständig auf der Suche nach Vernetzung und Austausch. Um dazuzulernen, um Wissen weiterzugeben, um Fragen der Organisation zu klären. Aber das sei gar nicht so einfach. Denn Bauern, die leben wie sie und ihr Mann, gebe es nicht viele. Da sei die ältere Generation mit der klassischen Rollenaufteilung. Dann gebe es die Gendergeneration, in der sie sich auch nicht wiederfindet. Es gibt eine engagierte Jungbäuerin, die einen Blog betreibt, aber keine Kinder hat. „Ich höre viel Unternehmenspodcasts an, aber das sind tatsächlich nur Männer." Anja Hradetzky hat deshalb nur wenige Vorbilder.

VORBILDER

Austausch gibt es dann aber doch mit anderen Bäuerinnen, die zum Teil auch zufällig bei ihr vorbeikommen. Und auf ihren Reisen hat sie Menschen kennengelernt, von denen sie viel gelernt habe – eine Rancherin aus Kanada hat die beiden kürzlich auf ihrem Hof besucht und ihnen Tipps für den Umgang mit den Tieren und die Organisation gegeben. Einen Mann, der ähnlich mit Tieren arbeitet wie sie, würde Anja Hradetzky gern besuchen. Er lehnt das allerdings ab mit der Begründung, dass er die Technik noch nicht so gut beherrsche. Letztlich gebe es also niemanden, der das Gleiche macht wie sie. Aber ihr Mann und sie unterstützten sich gut: „Wir haben die gleichen Vorstellungen – meistens zumindest – und verwirklichen hier gemeinsam das, wovon wir beide träumen. Das ist wichtig. Und dass wir uns ständig darüber austauschen." Dann ergänzt sie: „Janusz ist viel ruhiger als ich. Das ist auch gut."

Anja Hradetzky

Jahrgang 1987

Kontakt
Anja und Janusz Hradetzky

Hof Stolze Kuh
Weinbergstr. 6a
16248 Lunow-Stolzenhagen

Telefon +49 (0) 33365 71987
Mobil +49 (0) 1520 3877511
stolzekuh@posteo.de

stolzekuh.de

Anja Hradetzky studierte ab 2007 „Ökolandbau & Vermarktung" an der Hochschule für Nachhaltige Entwicklung in Eberswalde.

Nach dem Bachelor ging sie nach Kanada, um dort auf einer Beef Cattle Ranch zu arbeiten, zurück in Brandenburg war sie eineinhalb Jahre Herdenmanagerin auf einem Hof.

Anschließend war sie mit ihrem späteren Ehemann Janusz auf Reisen, wo sie weitere Erfahrungen sammelten. Nach einem Monat als Urlaubsvertretung auf einem Selbstversorgerhof in Masuren leiteten sie bei Stuttgart einen Milchviehbetrieb, auf dem Menschen mit Behinderung arbeiten.

Sie bewirtschafteten einen Sommer lang in Südtirol eine Kuh- und Ziegen-Alm mit Ausschank und Käserei. Ein Jahr später unterstützten sie einen Bergbauern in der Käserei und bei der Vermarktung seiner Produkte.

Seit September 2013 lebt Anja Hradetzky mit ihrer Familie in Stolzenhagen an der Oder. Hier hat sie mit ihrem Mann den Hof „Stolze Kuh" aufgebaut. Ihre zum Zeitpunkt des Interviews 40 Milchkühe halten sie nach der „Wesensgemäßen Tierhaltung", die eine kuhgebundene Kälberaufzucht ebenso einschließt wie das Halten von Bullen, Fütterung mit Gras und Heu – und die Tiere behalten ihre Hörner.

Anja Hradetzky arbeitet zudem seit Dezember 2016 selbstständig als Dozentin und Trainerin für wesensgemäße Tierhaltung und Low-Stress-Stockmanship. Das bedeutet: stressarmer Umgang mit Herdentieren.

Ihren Weg in die Landwirtschaft und die Philosophie ihrer Arbeit beschreibt sie in dem Buch „Wie ich als Cowgirl die Welt bereiste und ohne Land und Geld zur Bio-Bäuerin wurde". (s. Literaturliste)

Pamela Sherin Niazi ist Regionalleiterin
bei dem Pharmaunternehmen Biogen. Beruflich
treibt es sie an, andere Menschen dabei zu
unterstützen, das Beste aus sich herauszuholen.

Reinspringen und losschwimmen

Sie mag es, Verantwortung zu übernehmen,
etwas zu bewegen und zu gestalten.

D as ganz Kleine, das Unsichtbare dieser Welt mit seinem großen Einfluss auf das Leben, das hat Pamela Niazi seit Abiturzeiten besonders fasziniert. Und es ist dann tatsächlich auch ein Virus, der Einfluss auf das Gespräch mit ihr nimmt: Die Corona-Pandemie lässt uns das Interview per Video-Anruf führen. Jede sitzt in ihrem Homeoffice. Bei Pamela Niazi liegt das in den Hügeln des Osnabrücker Landes. Hin und wieder sind kleine Hänger in der Leitung, Bild und Ton frieren für Sekunden ein. Aber das tut der Konzentration auf das Thema keinen Abbruch und wir tauchen ein in eine Welt, der manch einer mit Skepsis gegenübersteht.

MOTIVATION

Pamela Niazi ist Regionalleiterin bei der Biogen GmbH, einem Pharma-Unternehmen. Eine solche Führungsposition hat sie sehr lange nicht für sich ins Auge gefasst. Bis sie selbst zu spüren bekommen hat, wie hilfreich Führung sein kann – wenn sie gut ist. Etwa vier Jahre vor unserem Interview hat die studierte Mikrobiologin eine Vorgesetzte bekommen, die Führungspotenzial in ihr gesehen hat. „Sie selbst war durch ihre frühere Vorgesetze gefördert worden und hat sich dadurch weiterentwickelt. Sie hat mir gesagt, dass sie mich gern fördern möchte und hat mich gefragt, ob ich dazu Lust habe", erzählt Pamela Niazi. Bis dahin habe sie die Einstellung gehabt, dass ein guter Chef sie in Ruhe lasse, damit sie ihren Job machen kann. Das hat sich geändert: „Durch sie habe ich gemerkt, wieviel Freude es machen kann, wenn man gefördert und gefordert wird, sich zu entwickeln. Sie hat mich eingebunden, hat Aufgaben an mich delegiert und die Erfolgserlebnisse haben mich stark motiviert." Schließlich wurde Pamela Niazi von ihrer Chefin auf ein Seminar zu Personalentwicklung und Coaching geschickt: „Das hat mir weiter die Augen geöffnet, so dass ich anschließend gesagt habe: ‚Ja, genau das will ich machen. Ich will Leute dabei unterstützen, das Beste aus sich herauszuholen.'"

„Ich will Leute dabei unterstützen, das Beste aus sich herauszuholen."

Jetzt, nach einigen Jahren mit Führungsverantwortung in dieser Rolle, sagt sie: „Es hat sich mir eine ganz neue Welt aufgetan: Ich war noch nie so zufrieden in einem Beruf. Selbst wenn ich richtig viel zu tun habe – ich war noch nie so zufrieden erschöpft. Das war wirklich ein Augen öffnender Moment."

Führungskraft zu sein und gleichzeitig eine Familie zu haben, habe sie sich zu Beginn ihrer Karriere nicht vorstellen können. „Heute kenne ich natürlich viele tolle Frauen in Führungspositionen mit Kindern. Die Vereinbarkeit von Job und Familie ist besser geworden, allerdings gibt es da noch immer genug Optimierungspotenzial, vor allem für Frauen."

Zu Beginn ihres Berufslebens wollte Pamela Niazi mit ihrem damaligen Freund eine Familie gründen. Und so suchte sie sich einen Beruf, den sie für kompatibel mit ihren Familienplänen hielt: zeitlich flexibel und mit einem soliden Einkommen. Auf eigenen Füßen zu stehen, sei ihr nach dem Studium sehr wichtig gewesen. Zum einen, weil sie zuvor nicht viel Geld gehabt hatte, zum anderen, weil sie noch drei Geschwister hat, die auch alle studieren wollten. „Ich hatte BAföG bekommen und mein Vater hat mir etwas Unterhalt gezahlt." Bei älteren Kommilitonen aus der Biologie hatte sie gesehen, dass sie in verschiedenen Bereichen der Pharma-Industrie nach dem Studium ihr Einkommen gefunden hatten: im Außendienst (also im Vertrieb), in medizinisch-wissenschaftlichen Abteilungen, im Marketing und anderen Aufgabenfeldern. Den Vertrieb habe sie sich gut vorstellen können. „Wirklich viel wusste ich nicht über den Beruf, aber mich gut zu präsentieren ist mir nicht schwergefallen, das Fachliche durch mein Studium glücklicherweise auch nicht, und so habe ich bei Sanofi-Pasteur MSD als Elternzeitvertretung im Außendienst für Impfstoffe angefangen." Mit einer kurzen Ausnahme ist sie bis heute in dieser Branche geblieben.

Das Interesse an ihrem Studienfach geht auf ihre Kindheit zurück. Sie habe sich bereits früh für die Naturwissenschaften begeistert, erinnert sich Pamela Niazi: „Peter Lustig und Löwenzahn haben mich geprägt." Als sie dann mit acht Jahren eine Dokumentation im Fernsehen gesehen hatte, wollte sie Meeresbiologin werden. Ein Schulpraktikum in der Hamburger Zentrale der Biologischen Anstalt Helgoland, die heute ein Teil des Alfred-Wegener-Instituts ist, hat ihren Plan bestärkt – und ihr einen ersten, intensiven Einblick in die Forschung gegeben. Der Plan, als Meeresbiologin zu forschen hielt lange an, aber zwei Jahre vor dem Abitur habe sie sich für medizinische Mikrobiologie und Virologie interessiert. Mit dem Schulabschluss in der Tasche wollte sie zunächst im Ausland studieren, weil sie meinte, das Bachelor-Master-System sei näher an der Praxis. Da in dem Jahr auch das deutsche Hochschulsystem darauf umgestellt wurde, blieb sie im Land. Die Entscheidung hatte

UMFELD/
FAMILIE

aber auch einen praktischen Grund: In Deutschland war sie BAföG-berechtigt. Im Ausland wäre die Finanzierung des Studiums schwieriger geworden. Die Entscheidung, in Osnabrück zu studieren, folgte ebenfalls sachlichen Überlegungen: Dort steht die erste Universität, die das Fach „Zellbiologie" mit den neuen Abschlüssen anbot.

Auch wenn es auf der Hand gelegen habe, dieses Fach zu studieren, sei es ihr schwergefallen, auf anderes verzichten zu müssen. Auch andere Fächer weckten ihre Neugier: Humanmedizin, Altamerikanistik, Orientalistik, Goldschmiedekunst, Möbeltischlerei, Keltologie. „Ich habe mich über alles informiert", sagt sie und hat sich dann doch für Zellbiologie eingeschrieben. „Ich wollte in die Forschung, Krebs und HIV bekämpfen, die Welt retten. Ich war sicherlich auch etwas naiv, als ich angefangen habe zu studieren." Im Verlauf des Studiums habe sie gemerkt, dass das Forschen an der Universität in Deutschland kein Zuckerschlecken sei.

Ihr Vater sei nicht gerade begeistert von der Idee gewesen, dass sie Biologie studieren wollte, erinnert sich Pamela Niazi und schmunzelt: „Er fand tatsächlich, dass Biologie eine brotlose Kunst sei. Wir sind damals über meine Studienwahl sehr aneinandergeraten. Aber inzwischen ist er stolz", erzählt sie und ergänzt: „Als Einwanderer mit finanziellem Sicherheitsbedürfnis für seine Kinder gab es in seinen Augen genau drei Möglichkeiten: Das Beste wäre Wirtschaft gewesen, das Zweite Jura. Und wenn schon Naturwissenschaften, dann bitte Medizin." Doch als sie bei ihrer Entscheidung blieb, habe ihre gesamte Familie sie unterstützt, auch ihr Vater. „Bildung wird in unserer Familie sehr hoch geschätzt. Ich bin die erste, die studiert hat. Mein Vater ist Anfang der 1970er Jahre aus Pakistan hierhergekommen und wollte weiter in die USA oder nach England zum Studieren." Doch dann haben sich ihre Eltern kennengelernt, ihr Vater blieb. Da seine Befähigung zum Studium in Deutschland nicht anerkannt worden war, habe er eine Ausbildung als Programmierer gemacht. Dann hat sich ihr Vater hochgearbeitet. „Erst als Arbeitnehmervertreter im Aufsichtsrat und später zum Ende seiner beruflichen Laufbahn war er Hauptabteilungsleiter und Prokurist bei einem großen Unternehmen. Danach hat er sich selbstständig gemacht. Er war immer sehr karriereorientiert." Ihre Mutter musste dem Willen ihrer Eltern folgen und Kauffrau lernen, wie es ihr Vater auch getan hatte. „Sie hat sich später im Abendstudium weitergebildet", erzählt Pamela Niazi und betont, wie prägend der Satz ihres Vaters für sie gewesen sei: „Bildung kann dir niemand wegnehmen."

Die Familie der gebürtigen Hamburgerin ist multikulturell geprägt: Ihr Vater kommt aus Pakistan, ihre Mutter aus Deutschland. Ihre Stiefmutter, die später Teil ihes Lebens war, hat ebenfalls einen pakistanischen Hintergrund, ist aber in England aufgewachsen und hat mit ihr und ihren Halb-Geschwistern Englisch gesprochen. Dadurch beherrscht Pamela Niazi verschiedene Sprachen fließend. „Mein multikultureller Hintergrund oder auch meine Mehrsprachigkeit werden oft als Bereicherung empfunden", erzählt sie aus ihrem Berufsalltag. Als sie aufwuchs, sei das zum Teil anders gewesen. „Als Kind und während der Schulzeit war ich öfter mit Rassismus konfrontiert, hauptsächlich verbal, einmal wurde ich auch körperlich angegriffen, glücklicherweise ging das glimpflich aus. Meine Eltern haben mich sehr selbstbewusst erzogen, so dass ich mich gut wehren konnte." Während des Studiums und auch im Beruf habe sie in dieser Hinsicht nichts Negatives erlebt. „Die Pharmabranche an sich ist sehr divers und es gibt viele Kolleginnen und Kollegen mit sehr unterschiedlichen Hintergründen." Zu Beginn ihrer Berufstätigkeit hätten ihr Kundinnen und Kunden mit Blick auf ihren Namen gesagt: „Sie sprechen aber gut deutsch." Während sie das anfangs erklärte, hätte sie später auch mal augenzwinkernd geantwortet: „Sie aber auch."

Die ablehnende Haltung mancher Menschen gegenüber ihrem Beruf und ihrer Branche nimmt sie wahr, aber sie irritiert sie nicht. Als ihr eine ehemalige Kommilitonin – die als Tier-Heilpraktikerin tätig ist – kurz nach dem Start in den Beruf sagte: „Ich habe gehört, dass Du Deine Seele an die Pharma-Industrie verkauft hast und jetzt Impfstoffe vertreibst", habe sie herzlich lachen müssen: „Ich sah und sehe das natürlich nicht so und stehe aus voller Überzeugung zu den Produkten, die ich verkauft bzw. beworben habe, im Besonderen zu den präventiven Vorteilen von Impfstoffen." Sie sei froh, dass sie nicht mit einer Teilzeitstelle an der Universität beschäftigt gewesen sei. „Diese finanzielle Unsicherheit war einer der Gründe, warum ich nicht promoviert habe und nicht in die Universitätsforschung gegangen bin." Die Skepsis, die sie hinsichtlich ihres einstigen Berufs im Vertrieb spürte, verstehe sie nicht. Viele setzten Vertrieb mit Verkauf gleich. Als Verkäuferin habe

„Bildung wird in unserer Familie sehr hoch geschätzt."

sie sich aber nicht betrachtet, sondern als Beraterin: „Die Bedürfnisse des Kunden herausfinden und sie bestmöglich beraten. Das fand ich war immer eine gute Sache." Natürlich rufe das Klischee „Pharmaindustrie" bei manchen Menschen Bilder wie Lobbyismus und Bestechungsgeld hervor und rufe Verschwörungstheorien auf den Plan, aber: „Um Bestechung und ähnlichem den Garaus zu machen, gibt es schon seit längerem strikte Kodexe, z.B. den FSA-Kodex, die sehr gut umgesetzt werden", betont Pamela Niazi und fügt hinzu: „In unserem Wirtschaftssystem müssen Gewinne erzeugt werden, um als Unternehmen handlungsfähig zu bleiben. Das wird so bleiben, solange wir unser gesamtes Wirtschaftssystem nicht umstellen."

Sie selbst könne nicht in einem Unternehmen arbeiten, von dem sie nicht überzeugt sei. Biogen, das Unternehmen, für das sie zum Zeitpunkt des Gesprächs arbeitet, ist ein forschendes Unternehmen im Bereich der Neuroimmunologie. Gegründet haben es 1978 Ärzte und Wissenschaftler, darunter die späteren Nobelpreisträger Walter Gilbert und Phillip Sharp. Es betreibe „wissenschaftliche Forschung mit dem Ziel, schwere neurologische Erkrankungen zu besiegen", schreibt das Biotechnologie-Unternehmen auf seiner Webseite. „Als die Gründer das Unternehmen verkauft haben, haben sie festgelegt, dass 20 Prozent des Umsatzes – nicht des Gewinns – zurück in die Forschung geht", erläutert Pamela Niazi. Zudem betreibe das Unternehmen wissenschaftliche Bildung und orientiere sich an den Prinzipien der Nachhaltigen Entwicklung: „Solch ein Selbstverständnis für Verantwortung eines Unternehmens sind mir wichtig."

> „Verantwortung zu übernehmen, etwas zu bewegen und zu gestalten – das erfüllt und macht mich glücklich."

Zwei Dinge treiben die 40-Jährige beruflich an: Sie möchte Ärzte so beraten, „dass der richtige Patient zum richtigen Zeitpunkt die Therapie bekommt, die er braucht." Da könne ein Gespräch auch mal so enden, dass sie dem Arzt sage, ein Medikament sei nicht für einen bestimmten Patienten und eine bestimmte Behandlung geeignet. Das andere, was sie antreibt, sei: „Verantwortung zu übernehmen, etwas zu bewegen und zu gestalten – das erfüllt und macht mich glücklich." Das gelte im Besonderen, seit sie eine Führungsrolle hat.

Die Führungsposition habe sie nicht angestrebt. Sie hatte sich beim Wechsel zu Biogen überlegt, dass sie sich in eine andere Richtung entwickeln kön-

In Hamburg geboren und aufgewachsen, lebt
Pamela Niazi seit dem Studium in der
Region Osnabrück. Her fühlt sie sich inzwischen
zu Hause. Ihre Heimat bleibt Hamburg.

ne, beispielsweise ins Marketing oder den medizinisch-wissenschaftlichen Außendienst zu gehen. Eine richtig klare Vorstellung habe sie aber nicht gehabt. Allerdings habe ihr Vater immer versucht, sie in Richtung Führungsverantwortung zu pushen, beispielsweise als Regionalleiterin. „Auch mein Partner, der lange selbstständig war und einen Ausbilder-Hintergrund hat, hat mir gesagt, dass er Führungsstärke in mir sieht und mich unterstützen würde", sagt Pamela Niazi, die sich daran erinnert, dass sich ihr bereits zu Schulzeiten andere Leute gern angeschlossen hätten. „Ich selbst habe das lange nicht gesehen und auch nicht als persönliche Stärke wahrgenommen. Man selbst weiß ja selten zu schätzen, was einem leichtfällt und ganz natürlich kommt." Von außen sei sie auch als ehrgeizig wahrgenommen worden, als zielstrebig, als Karrieretyp. Sie selbst beschreibt sich anders: „Ehrgeizig? Ja, ich möchte meinen Job gut machen. Aber ich hatte dabei nie wirklich eine konkrete geplante Karriere im Blick."

ANSPRUCH AN
FÜHRUNG

Früher habe sie gedacht, dass sie nicht gut in Hierarchien arbeiten könne, „weil es Menschen gerade in höheren Positionen gibt, die konstruktive Kritik als persönlichen Angriff verstehen und meinen, besonders behandelt werden zu müssen. Das ist überhaupt nicht meins", sagt Pamela Niazi. Sie halte jeden Menschen für wertvoll, egal ob Führungskraft oder nicht. Sie sei da wenig diplomatisch. Würde ihr selbst etwas nicht gefallen, würde sie es offen ansprechen und versuchen, es zu ändern. Sie sitze Dinge nicht aus, sie gestalte und bewege gern etwas. „Ich mag Veränderungen und optimiere gern. Für mich hat das etwas Spannendes. In Bewegung zu bleiben und wertschätzender Umgang sind essentiell für mich, gesehen werden in dem, was man tut und dafür wertgeschätzt werden, ein Muss." Ein Unternehmen, in dem dieser Umgang nicht gelebt wurde, hat sie wieder verlassen.

Es ärgere sie, wenn Menschen sich nicht offen äußern oder wenn sie sich das aufgrund der herrschenden Atmosphäre nicht trauen. Und dann sagt sie einen Satz, der von Simone de Beauvoire stammen könnte. Sie sagt es aber mit anderen Worten: „Wenn du nicht sagst, was du willst, dann kriegst du nichts und es ändert sich nichts. Egal, ob es um finanzielle oder um andere Dinge geht: Man muss klar artikulieren, was man möchte und was nicht." So habe sie es auch gehalten, als sie im Team immer als „Pamela, das Küken" vorgestellt wurde, weil sie eine der jüngsten war. Sie sprach es an, danach war Ruhe. Zwar sei sie trotzdem für die Qualität ihrer Arbeit geschätzt worden, aber: „Man muss gegen solche Labels vorgehen", betont Pamela Niazi.

Als Regionalleiterin führt sie ein Team aus acht Pharma-Referenten, die Neurologinnen und Neurologen mit dem Schwerpunkt Multiple Sklerose betreuen. In der Region Nord-West-Deutschland trägt sie die Verantwortung für Personalführung und -entwicklung. „Das bedeutet unter anderem, dass ich die Unternehmensstrategie herunterbreche auf das ganze Team und dann auf jeden einzelnen Mitarbeitenden und das jeweils dazu gehörende Gebiet", erzählt Pamela Niazi. Dabei müsse sie oft umschalten zwischen Führen und Coachen.

> „Man muss klar artikulieren, was man möchte und was nicht."

„Ein Drahtseilakt, der mir allerdings viel Freude bereitet", sagt sie, und: „Ich finde es superspannend, aus einer Gruppe von unterschiedlichen Menschen ein Team zu entwickeln."

Auf ihre jetzige Stelle habe sie sich nicht beworben, als sie ausgeschrieben gewesen sei. Zum einen, weil sie und ihr Partner gerade ein Haus gekauft hatten und sie kurz davor waren umzuziehen. Zum anderen war sie mit ihrer damaligen Vorgesetzten sehr zufrieden. Intern war ihre Chefin gefragt worden, warum Pamela Niazi sich nicht auf die Stelle beworben hätte. Durch ein Telefonat wurde die Bewerbung schließlich in die Wege geleitet. Als sie gefragt wurde, warum sie sich nicht beworben hätte, habe sie etwas frech geantwortet: „Naja, es ist ja schöner, wenn ihr mich anruft und einladet." Als sie die Stelle hatte, wurde die Veränderung freitags im Team bekannt gegeben, am Montag darauf saß sie auf ihrem neuen Posten. „Ohne große Vorbereitung. Aber das liegt mir: einfach reinspringen und los. Außerdem hatte ich ein gutes Vorbild in meiner Chefin und auch klare Vorstellungen davon, was ich von einer guten Vorgesetzten erwarte."

STRATEGIE

Über ihren Führungsstil sagt sie: „Ich habe erstmal Vertrauen und hoffe, dass sich dieses Vertrauen auch bei meinem Gegenüber mit der Zeit aufbaut." Das Besondere an ihrer neuen Aufgabe sei, dass sie aus dem Team heraus die Führungsrolle übernommen hat. „Wenn man sich intern entwickelt, aus dem Team heraus, dann hat man mit allen eine Vorgeschichte." Als Vorgesetzte aber sehe sie ihre Kolleginnen und Kollegen auch nochmal in einem neuen Licht. Ihr sei es deshalb wichtig gewesen, eine positiv-neutrale Einstellung den anderen gegenüber zu finden. Gute Erfahrungen habe sie zum Beispiel damit gemacht, dass sie jedes Jahr mit ihrem Team einen Workshop über gegenseitige Erwartungshaltungen mache. „Für mich sind Transparenz, wertschätzende Kommunikation und Augenhöhe essentiell." Ihre

ANSPRUCH AN
FÜHRUNG

Mitarbeiterinnen und Mitarbeiter denken zwar, es sei überflüssig, weil es gut laufe. Aber: „Ich denke, lieber einmal zu viel als zu wenig und wer nicht aktiv fragt, bekommt vielleicht auch nicht mit, wenn sich etwas verändert und Unzufriedenheit aufkommt."

Ein konkretes Vorbild für ihren Führungsstil hat sie nicht: „Ich übernehme Dinge, die ich bei anderen als positiv wahrnehme", sagt Pamela Niazi, und: „Ich lerne viel durch Beobachtung, ausprobieren, lesen und ich profitiere sehr vom Austausch mit meinen Kolleginnen und meinem derzeitigen Chef." Ihren Lebensgefährten nutze sie oft als Sparringspartner und Coach, um anstehende Gespräche zu simulieren. „Er hat mir sehr dabei geholfen, meinen Weg als Führungskraft zu finden."

„Mein multikultureller Hintergrund oder auch meine Mehrsprachigkeit werden oft als Bereicherung empfunden."

Pamela
Sherin Niazi

Jahrgang 1980

Kontakt
Pamela Sherin Niazi
de.linkedin.com/in/
pamela-sherin-niazi-57b24a152

Pamela Niazi ist seit Februar 2018 District Sales Managerin/ Regionalleiterin Neurologie bei dem Pharmaunternehmen Biogen GmbH, bei dem sie im Oktober 2013 als Außendienstmitarbeiterin im Klinik und Facharztbereich angefangen hatte. Im April 2017 hatte sie als Produktspezialistin im gleichen Bereich bereits weitere Aufgaben übernommen.

Von Februar 2012 bis September 2013 war sie als Spine Consultant bei dem Medizintechnik-Startup DFine Europe GmbH verantwortlich für den Direktvertrieb von medizinischen Implantatsystemen sowie für weitere Aufgabenfelder.

Ab Februar 2010 ist Pamela Niazi bei der Medicatis GmbH als Außendienstmitarbeiterin für den Impfstoffversand tätig gewesen.

Ihren Berufseinstieg hatte sie im März 2006 bei der Innovex GmbH Mannheim als Fachreferentin für Impfstoffe für Sanofi Pasteur MSD.

Pamela Niazi hat an der Universität Osnabrück sowohl im Bachelor als auch im Master das Fach Zellbiologie studiert. Zudem verfügt sie über Zusatzqualifikationen als Qualitätsmanagement-Beauftragte (2010, TÜV Süd) und als Hygiene-Beauftragte für Arztpraxen (2011, Hygieneakademie Ruhr).

Während des Studiums hat sie von November 2004 bis Februar 2005 an einem Projekt des Deutschen Akademischen Austauschdienstes (DAAD) im indischen Hyderabad teilgenommen.

Pamela Niazi spricht Deutsch und Englisch als Muttersprachen, sie hat Grundkenntnisse in Urdu/ Hindi, Italienisch und Griechisch. Zudem hat sie das kleine Latinum.

Dr. Ellen Ueberschär hat bei ihrem Berufseinstieg Umwege nehmen müssen. Medizin durfte sie in der DDR nicht studieren, sie machte stattdessen eine Ausbildung in der EDV.

Die Brückenbauerin

Dann studierte sie Theologie. Heute ist sie Teil der weiblichen Doppelspitze der Heinrich-Böll-Stiftung.

Dr. Ellen Ueberschär

Adresse: Berlin-Mitte. Im Zentrum der Hauptstadt, etwas abseits der klassischen Touristenrouten, steht das Gebäude der Heinrich-Böll-Stiftung. Schlicht wirkt es. Im Inneren dominieren Beton, Glas und Licht. Ellen Ueberschär lädt ein zum Gespräch in ihrem Büro am großen Besprechungstisch. Auf ihm liegen ein paar Papiere. Es gibt grünen Tee und Wasser. Ihr Assistent schließt die Tür. Und schon geht es hinein in die Zeit, als am Standort der Stiftung noch ein anderer Staat regierte. Zu DDR-Zeiten sei sie auf dem Weg von der Friedrichstraße oft hier entlanggekommen. Ihr heutiger Arbeitsplatz liegt auf der Strecke vom Zuhause ihrer Kindheit zur Charité, wo ihre Mutter als Biologin tätig war.

Ellen Ueberschärs Familie ist stark christlich geprägt. „Das Leben in der Kirchengemeinde war der Raum der Freiheit, wo auch Zusammenhalt wichtig war. Ich konnte sagen, was ich dachte, mich ausprobieren, etwas auf die Beine stellen", erinnert sie sich. Ellen Ueberschär engagierte sich in der Kirche, auch in der Zeit der Wende und danach. Das ging so weit, dass sie kaum noch zum Studium der Theologie gekommen sei, erzählt sie.

Eigentlich sei es gar nicht vorgesehen gewesen, dass sie überhaupt das Abitur machte. Die DDR hat damals die Zahl der Akademiker begrenzen wollen. Da aber aus ihrer Klasse kaum jemand Abitur machen wollte – Handwerker verdienten zum Teil besser als Ingenieure – war es ihr dennoch möglich, ihr Abitur zu machen. Die beruflichen Hürden kamen dann. Der Staat erlaubte es ihr nicht, sich für ihr Wunschfach Medizin einzuschreiben. Stattdessen sollte es „Silikattechnik" sein. „Ich wusste nicht mal, was das ist", erinnert sich Ellen Ueberschär kopfschüttelnd. Die Schule habe mit einer Überrumpelungstaktik versucht, sie zu dem Fach zu bewegen. Sie habe sich aber geweigert, ohne Abstimmung mit ihren Eltern irgendetwas zu unterschreiben. Nach einigen Gesprächen mit Schulvertretern habe ihre Mutter auf den Tisch gehauen. „Und dann waren wir raus. Was aber macht man, wenn man aus einer Gesellschaft raus ist, in der man von A bis Z betreut wird?" Ihr sei vom Staat das Gefühl vermittelt worden, dass sie erledigt sei. Über Kontakte habe sie erfahren, dass Abiturienten eine Turbo-Lehre machen konnten – aber auch dabei wurde sie unter Druck gesetzt. Schließlich fiel ihre Entscheidung auf eine Lehre zur Facharbeiterin für Datenverarbeitung. Sie hatte sich zu dem Zeitpunkt bereits entschieden, Theologie zu studieren und wollte über die Ausbildung und zwei Jahre Anstellung Berufserfahrung in sozialistischen Betrieben sammeln. Sie erhoffte sich, durch diese Einblicke später als Pfarrerin besser für die Menschen da sein zu können. Für Theologie hatte sie sich entschieden, „obwohl klar war: Wenn ich Theologie studiere, bin ich außerhalb dieser Gesellschaft, auch wenn die Kirche geduldet war." Ellen Ueberschär hat ihr Hobby zu ihrem Beruf gemacht.

Ihre Reaktionen auf den Staat klingen selbstbewusst und mutig, aber: „Es war mit enormen Ängsten verbunden und alles andere als selbstbewusst", erinnert sich Ellen Ueberschär, und: „Ich wusste in solchen Momenten immer, was ich nicht will und bin oft mit einer Trotzhaltung an die Dinge herangegangen und war gleichzeitig auf mich selbst konzentriert." Zudem habe sie sich Räume gesucht, in denen sie sich öffnen konnte. Das alles habe ihre Persönlichkeit stark geprägt: „Ich war vorsichtig." Und bis heute habe sie das Gefühl, nicht dazuzugehören, vor allem durch das Mobbing während der Schulzeit: „Das ist total absurd, weil ich außer in der Schule immer dazugehöre."

SELBST-
VERSTÄNDNIS

Ihre Mutter hatte eine ähnliche Geschichte wie Ellen Ueberschär. „Sie wollte eigentlich Opernregie studieren. Das ging natürlich nicht in der DDR." Folglich lebte ihre Mutter beruflich ihre naturwissenschaftlichen Interessen aus. Beide Eltern seien ihr Vorbilder gewesen. Bildung wurde großgeschrieben, ihre Mutter habe den Kindern alles erklärt, mit ihnen diskutiert. Ihr Vater sei vorbildlich darin gewesen, seinen Weg zu gehen. Als er die Möglichkeit gehabt habe, beruflich aufzusteigen, machte man das von der Parteizugehörigkeit abhängig. „Er hat gesagt: ‚Gut, wenn ihr einen Christen braucht in der SED, dann komme ich.'" Da sei das Thema durch gewesen, was aber auch bitter für ihn gewesen sei. Ellen Ueberschärs Elternhaus ist zwar christlich, ausgebildete Theologen gebe es außer ihr aber nicht. „Der Alltag ist der Gottesdienst der Christen", sagt sie dazu. Gelenkt hat sie etwas anderes: Durch ihre Gemeinde sei sie in einer Welt des freien Denkens aufgewachsen. „Wir hatten einen sehr mutigen Pfarrer, der selbst Friedenskreise initiiert hat, der uns herausgefordert hat, selbst zu denken." Trotz des Studiums, der Promotion und dem Vikariat, wollte sie später aber doch nicht Pastorin werden. Warum? „Wegen der politischen Arbeit." Es habe sie immer interessiert, wie die gesellschaftlichen Bereiche zusammenspielen: „Und ich wollte Gesellschaft gestalten. Die Kernfragen der Theologie spiegeln sich ja überall: Was

UMFELD/
FAMILIE

macht diese Welt eigentlich aus? Wo kommen wir her? Wo gehen wir hin? Und ist diese Welt eigentlich größer als das, was wir fassen können? Wie wird Gerechtigkeit, wie wird Frieden?" Das bewegt sie immer noch und prägt ihre Arbeit.

ANSPRUCH
AN FÜHRUNG

VORBILDER

Vorbilder fand Ellen Ueberschär auch außerhalb ihrer Familie. Da war zum Beispiel ihr Chef bei der Evangelischen Akademie Loccum, der ihr viel Freiraum gelassen habe. Innerhalb eines definierten Raumes konnte sie agieren und gestalten, so lange sie es gut begründen konnte – auch gegenüber ihren 15 Kollegen und Kolleginnen. „Er hat uns immer unterstützt und Lektionen lernen lassen." Wenn jemand in der Luft hing, half er ihm. „Das ist das, was ich auch versuche. Ich gehe immer erstmal davon aus, dass die Leute etwas können und dass sie an Verantwortung und Freiheit wachsen. Wenn das nicht klappt, sieht man das ja recht schnell (lacht)." Erst dann würde sie beginnen, einen Mitarbeiter oder eine Mitarbeiterin enger zu führen – was sie grundsätzlich nicht gern mache. Ein anderes, früheres Vorbild war Marianne Birthler, die Jugendreferentin im Stadtjugendpfarramt Ost-Berlin gewesen ist, als Ellen Ueberschär dort Jugendarbeit gemacht hat. „Ich habe viel mit ihr geredet und geguckt, wie sie das macht: Wie löst sie Probleme, wie setzt sie sich durch?"

„Ich gehe immer erstmal davon aus, dass die Leute etwas können und dass sie an Verantwortung und Freiheit wachsen."

Was bedeutet Führung denn für sie selbst? Den Begriff definiert Ellen Ueberschär vor allem über Verantwortung: „Eine Organisation ist auch ein Organismus, der an der einen oder anderen Stelle Heilung, Bereinigung oder Kontinuität braucht. Dafür muss man Fürsorge und Verantwortung übernehmen." Führung heiße aber auch, Orientierung zu geben und Leute mitzunehmen, zu erkennen, was sie brauchen, damit sie vorankommen. „Aber auch, die Organisation voranzubringen und zu gucken, welche Menschen braucht sie vielleicht nicht."

Besonders sei dabei die Abstimmung in der Doppelspitze der Böll-Stiftung. Ellen Ueberschär bildet gemeinsam mit Barbara Unmüßig den Vorstand. In ihrem Job zuvor beim Kirchentag hat sie allein geführt. Das sei in mancher Hinsicht leichter, weil man Verantwortung und Aufgaben nicht austarieren müsse. Diskussionen und Besprechungen dauerten jetzt länger, sagt Ellen Ueberschär und schränkt das eben Gesagte umgehend ein: „Obwohl – ich habe ja immer in Bereichen gearbeitet, die auf Konsens angelegt sind

Als Kind ist Ellen Ueberschär oft an ihrem
späteren Arbeitsplatz vorbeigekommen. Er liegt
auf dem Weg von ihrem Zuhause zur Charité,
wo ihre Mutter als Biologin gearbeitet hat.

und wo man viel sprechen musste." Andererseits sei sie damals mit manchen Entscheidungen eben allein gewesen. Insgesamt resümiert sie: „Führung muss übersetzt werden in kleine Schritte, in Dialoge, in Entscheidungen, auch in harte." Hat sie Macht? „Ja, sicher! Ich interpretiere den Machtbegriff aber nicht als Herrschaft. Er ist damit verbunden, dass man Verantwortung für Richtungsweisungen und Weichenstellen übernimmt."

Durch eine große, umlaufende Fensterfront öffnet sich von Ellen Ueberschärs Schreibtisch aus der Blick auf die Hauptstadt. Unten auf der Straße wirkt es hingegen eher dörflich. Kaum Autos, hin und wieder läuft eine Touristengruppe vorbei oder kreuzt leise auf Segways. Wenn sie am Schreibtisch sitzt, hat Ellen Ueberschär ein wandfüllendes Regal hinter sich – in dem allerdings noch viel Platz ist. Kleine Erinnerungsstücke durchbrechen die Front der Buchrücken. Ganz rechts im Eck steht ein Karteikasten mit Adressen und Visitenkarten. Für analoges Arbeiten.

Sich selbst bescheinigt Ellen Ueberschär halb ironisch ein „Wertephlegma" und begründet das so: „Naja, ich bin schon beständig. Ich bin nicht flatterhaft. Manchmal finde ich mich nicht flexibel genug dafür, dass sich die Welt so wahnsinnig dreht und verändert." Sie greift gern auf ihre Werte zurück, um aktuelle Diskussionen zu verorten, sie voran zu treiben und gleichzeitig ihr Spektrum zu erweitern, erläutert sie an einem Beispiel: „Wenn ich in Chicago sitze und wir reden darüber, ob wir die Kommunikation im Netz überhaupt regeln können. Und ich denke: ‚Wir haben die Kommunikation immer geregelt, wieso sollen wir sie jetzt nicht regeln können?' Wenn dann behauptet wird, die Natur der Daten sei es, frei zu fließen, dann hilft mir schon meine Beständigkeit und der Rückgriff auf Werte", sagt sie und findet dann noch das Wort „Beharrlichkeit" dafür.

„Negatives Denken nervt mich", sagt Ellen Ueberschär mitten im Gespräch. Sie treibt der Wunsch an, die Gesellschaft zu gestalten. Positiv zu gestalten. Mit Zuversicht. Trotz der apokalyptischen Themen, die derzeit diskutiert werden, allen voran der Klimawandel. „Man sieht aber auch, was alles möglich ist, wenn Leute daran arbeiten." Es lohne sich, für Demokratie, für Menschlichkeit, Frieden und Würde zu streiten und das Leben zu gestalten: „Ich denke lieber: Was ist alles möglich! Das sagt mir meine Erfahrung. In der Hinsicht war es ein Geschenk, dass ich in dieser historischen Situation 1989 gerade 22 Jahre alt war. Der Umbruch hat mein Leben geprägt und mir gezeigt, dass Veränderung möglich ist und sich etwas gravierend zum Positiven ändern kann. Da versuche ich, Leute mitzunehmen." Das gelte vor allem für junge Menschen. Allerdings sei sie kurz nach der Wende auch auf Vorurteile gestoßen. 1991, als sie an die Universität Heidelberg gewechselt war, fragte sie jemand: „Sag mal, ich habe gehört, du kommst aus dem Osten, aber das stimmt nicht, oder?", erzählt sie und lacht erneut.

ZIELE/
STRATEGIE?

Gern bringt Ellen Ueberschär Menschen an einen Tisch, um zu diskutieren und damit sie sich mit ihren Ansichten und Meinungen auseinandersetzen: „Mich hat das immer interessiert: Auf diesem Grat zu sein, Dinge zusammen zu denken, Leute zusammenzubringen." So hat sie in ihrer Zeit an der Evangelischen Akademie Loccum Intensiv-Mediziner und Richter miteinander diskutieren lassen: „Die einen haben Angst, dass sie mit einem Bein im Knast stehen, wenn sie die Geräte abschalten. Und die anderen, die Juristen sagen: Wir haben medizinisch keine Ahnung, wann es richtig ist, die Geräte abzuschalten. Aber was ist jetzt die Entscheidung, in der menschliche Würde nicht verletzt wird?" Ellen Ueberschär findet es problematisch, dass Menschen, die eine Aufgabe mit unterschiedlichen Perspektiven bewältigen müssen, nicht miteinander reden: „Eine gemeinsame Sprache ist ein wesentlicher Faktor, um Probleme zu lösen." Nur so sei es möglich, gemeinsam an Zielen zu arbeiten. „Das ist das, was mich interessiert! Und es ist das, was ich schon immer gemacht habe." Sie sei eine Brückenbauerin.

PROFILBILDUNG

Die Grundlage dafür fand sie in ihrem Glauben und in ihrem kirchlichen Engagement: „Ich habe ehrenamtlich extrem viel kirchliche Arbeit gemacht, was immer spannend war." Das sei kein harter Widerstand gegen den Staat gewesen, aber Resistenz und Opposition. Und: „Es ging mir auch darum, eine eigene Sprache zu finden für das, was um uns herum passierte oder eben nicht passierte: Was bedeuteten denn Gerechtigkeit, Würde, Freiheit unter diesen Bedingungen im Arbeiter- und Bauernstaat?" In der Gemeinde habe sie sich mit anderen mit Gesellschaft, Gleichberechtigung und Gerechtigkeit befasst.

An einer staatlichen Schule mochte sie – alles andere wäre auch seltsam gewesen – nicht studieren und schrieb sich am Sprachenkonvikt in Berlin für Theologie ein. Auch hier wieder: Auseinandersetzung: „Als ich ankam, waren schon viele politisch aktiv, es wurde enorm viel diskutiert über die DDR-Gesellschaft, Aktionen geplant, Texte geschrieben." Die Professoren haben es nicht erlaubt, das Studium deshalb schleifen zu lassen. „Wenn wir nichts gemacht haben, gabs 'ne Fünf. Der akademische Anspruch war extrem hoch." Das sei ihr vor allem aufgefallen, als sie nach Heidelberg gegangen ist. Ein Glücksfall: Durch den Abstand zu Berlin hat sie sich dort auf ihr Studium konzentrieren können: „Ich hab's genossen! Das Akademische hat mir gutgetan. Ich habe dort nochmal Feuer gefangen für die Theologie." Sie habe sich auch gefragt, ob sie in einem freien Land das gleiche Fach gewählt hätte, weil viele Kommilitonen nach der Wende das Fach gewechselt haben. Sie hat weiter gemacht: „Theologie ist eine tolle Wissenschaft, unglaublich vielseitig und akademisch hoch anspruchsvoll."

Dennoch: „Das Sprachkonvikt war ein wichtiger Ort in dieser Welt des Umbruchs und des Denkens und der Opposition." Einige namhafte Persönlichkeiten haben dort gelehrt: „Am Sprachenkonvikt sammelte sich um Thomas Krüger, der heute die Bundeszentrale für Politische Bildung leitet, das Netzwerk Solidarische Kirche. Wolfgang Ullmann, der später für die Grünen ins Europaparlament ging, lehrte Kirchengeschichte, und Richard Schröder, sehr bald führender Kopf in der SPD, war unser Philosophiedozent." Auch hier war sie wieder aktiv, setzte sich in Gremien. Als nach der Wende das Sprachkonvikt an eine Fakultät wechseln sollte, engagierte sie sich als studentische Vertreterin bei den Verhandlungen zur Fusion. Zudem hat sie „nebenbei in der Bürgerbewegung mitgemacht, ich bin auf Demos gegangen und war weiter in der kirchlichen Jugendarbeit aktiv, wo es ja auch um Fusion mit den Leuten aus West-Berlin ging." Immer noch hatte sie vor, in die Praxis zu gehen. Aber auch Wissenschaft fand sie interessant – und promovierte deshalb. Zu ihrem Thema machte sie die Repressionen der kirchlichen Jugendarbeit in den 1940er und 1950er Jahren: „Es war für mich ja auch eine Aufarbeitung, fast ein autobiografisches Projekt."

> „Das Sprachkonvikt war ein wichtiger Ort in dieser Welt des Umbruchs und des Denkens und der Opposition."

PROFILBILDUNG

MOTIVATION

Persönliche Interessen haben sie geleitet: gestalten können, Menschen verbinden, Brücken bauen, die großen Fragen der Kirche auf den Alltag beziehen und umsetzen können, Themen voranbringen wie Gleichstellung, Digitalisierung, Umweltschutz. Stand es für sie im Fokus, irgendwann eine Führungsposition zu übernehmen? „Ich will jetzt hier nicht die Frauennummer bringen: ‚Oh, ich bin gefragt worden.' (lacht)" In ihrem Buch über Frauen und Kirche (siehe Literaturliste) habe sie geschrieben: „Wenn das Sprungbrett kommt, dann muss man springen." Gleichzeitig sagt Ellen Ueberschär, dass sie nie ein konkretes Ziel verfolgt hat. Sie ist in die Führungsrolle hineingewachsen und habe sich quasi nebenbei durch ihre vielen Engagements darauf vorbereitet. Bewusst sei die Entscheidung dann gewesen, zu sagen: „Wenn hier eine Verantwortung übernehmen muss, dann bin ich das eben." Sie habe sich an anderen orientiert, wie sie Dinge gelöst haben und angegangen sind: „Es war mehr Lernen durch Nachahmung und ein Schritt-für-Schritt-Hineinwachsen, ohne dass ich mich bewusst in Führung brachte. Ich glaube nicht, dass ich so eine klassische Führungsfigur war. Ich hatte lange Zeit keine Selbstwahrnehmung oder Antennen dafür", sagt sie mit Blick auf ihr Gefühl, nicht dazuzugehören. Aber vielleicht war es auch genau das: Sie hat gelernt, allein zu gehen. Kann das sein? „Ja, ich glaube, es ist eher das gewesen. Nicht: Ich reiße charismatisch die anderen mit. Sondern eher: Aha, da geht jemand konsequent seinen Weg."

Ellen Ueberschär ist verheiratet und hat eine Tochter. „Bei mir spielt hier ein bisschen die DDR-Tradition hinein. Da war es normal, berufstätig zu sein und Kinder zu haben. Es war geradezu umgedreht: Ob man einen Mann hatte, war egal, aber Kinder wollte frau haben. Also guckte man erstmal, dass man an die Kinder kam und das mit dem Mann konnte man immer noch lösen", erzählt sie schmunzelnd. Für sie und ihren Mann, der in Hamburg aufgewachsen ist, sei es selbstverständlich gewesen, ein Kind zu bekommen: „Viele Jahre hat er die tägliche Verantwortung übernommen, während ich beruflich viel unterwegs war. Solange wir in Berlin lebten, war die Kinderbetreuung sehr gut möglich. In Niedersachsen und Hessen sah das anders aus", erinnert sie sich. Beruflich seien ihr keine Steine in den Weg gelegt worden, auch wenn ihr damaliger Chef erstmal irritiert auf die Schwangerschaft reagiert und gefragt habe, wie das beruflich am besten organisiert wird. „Als er merkte, dass es meinen Aktivitäten an der Uni keinen Abbruch tut, war er Feuer und Flamme. Wahrscheinlich hatte er befürchtet, dass ich erstmal drei Jahre weg bin." Ellen Ueberschär hat zu der Zeit an ihrer Doktorarbeit geschrieben.

Sie selbst freue sich, wenn Mitarbeiterinnen in Führungspositionen schwanger werden: „Es bewegt sich doch etwas! Ich beobachte bei Frauen in meiner Generation, dass sie sich doch entscheiden mussten – Kinder oder Karriere." Heute sei das anders, aber: „Je stärker man in die Wirtschaft hineinkommt, umso schärfer wird das Thema. Das finde ich wirklich schade und bedauerlich." Sie selbst unterstütze Frauen und Männer darin, ihren Weg zu gehen. Das geht im Kleinen los, bei öffentlichen Diskussionen, wo sich Frauen zu Wort melden müssen, bei internen Fachgesprächen, wo sich manche Frauen lieber zurückhalten. „Wenn wir in einer Runde sitzen und die Kollegin sagt nichts, dann frage ich explizit auch nochmal nach ihrer Meinung. Mir ist

BERUF UND
FAMILIE

ANSPRUCH AN
FÜHRUNG

MÄNNER UND
FRAUEN

das wichtig, dass wir gleichberechtigt kommunizieren. Ich hätte es gerne, dass wir einen Zustand der Selbstverständlichkeit erreichen." Das sei bei der Böll-Stiftung insgesamt ein Ziel. Deshalb auch die Doppelspitze, die weiblich besetzt ist. „Die Böll-Stiftung hat als eines der Kernziele, Geschlechtergerechtigkeit und Diversität zu leben, auch an der Führungsspitze. Das ist auch eine Art von Chancen geben. Ich sehe das für mich als große Verpflichtung." Sie hält eine Quote für bedeutend auf dem Weg zur Gleichstellung, um am Kern der Ungleichheit arbeiten zu können.

UMGANG MIT
HINDERNISSEN

Auch sie hat Ungleichbehandlung erlebt – abgesehen von den Repressalien und dem Mobbing, das ihr in der DDR begegnet ist. Als sie sich überlegte, was sie studieren will, habe es für Menschen, die sich in der Kirche engagieren, die Möglichkeit gegeben, Jura zu belegen. Der Mann, bei dem sie sich dazu beraten lassen wollte, sagte: „Ja, diese Möglichkeit gibt es, aber nicht für Sie. Denn wenn Sie schwanger werden und ausfallen, das geht nicht. Wir brauchen Sie ja dann.' Da dachte ich: ‚Na, toll.' Das war eine krasse Lektion in patriarchaler Kultur." Auch auf joviale Männer sei sie gestoßen, die ihr den Arm umlegen wollten: „Das war mir immer sehr, sehr unangenehm. Meine körperliche Integrität ist mir extrem wichtig." Hier habe sie durch ihre körperliche Größe allerdings einen Vorteil. Insgesamt sei sie solchen Begegnungen ausgewichen und habe Kontexte gesucht, „wo ich mich nicht unwohl und bedrängt fühle." Es freut sie, dass sich Frauen solche Dinge nicht mehr gefallen lassen und sich Arbeitgeber und Orte suchen, wo sie nicht wegen ihres Geschlechts ausgebremst werden.

„Die einzige, von der ich ein Feedback sofort und rückhaltlos akzeptiere, ist meine Tochter."

Und wie sieht es aus mit dem Umgang mit Kritik? „Ich bin in einer Führungsposition, da sind die Leute eher geneigt, mir keine Kritik entgegenzubringen. Deshalb misstraue ich jedem Feedback von Ebenen, wo meine Position eine Rolle spielt. Die einzige, von der ich ein Feedback sofort und rückhaltlos akzeptiere, ist meine Tochter. Sie ist direkt und klar und weicht mir überhaupt nicht aus." Ein solches Feedback sei ihr wichtig. Sie habe von früheren Referentinnen die Rückmeldung bekommen, dass manche Menschen Angst vor ihr hätten. „Ich bin manchmal ziemlich direkt. Es gibt Menschen, die das verletzt. Was nicht meine Absicht ist. Aber es gehört auch zu meinem Job dazu, mal eine Ansage zu machen." Früher habe sie sich dazu viele Gedanken gemacht. Inzwischen sei sie dickfelliger geworden, da Ansagen im Job manchmal einfach notwendig seien.

UMGANG MIT
KRITIK

Dr. Ellen Ueberschär

Jahrgang 1967

Kontakt
Dr. Ellen Ueberschär
Heinrich-Böll-Stiftung e.V.
Schumannstraße 8
10117 Berlin

Telefon +49 (0) 30 28534-0
info@boell.de

boell.de

Seit Juli 2017 bildet Ellen Ueberschär mit Barbara Unmüßig den Vorstand der Heinrich-Böll-Stiftung. Nach der Schule absolvierte sie eine Ausbildung als Facharbeiterin für Datenverarbeitung. 1988 begann sie das Studium der Theologie an der Theologischen Hochschule in Ost-Berlin, das sie zwischenzeitlich in Heidelberg, später wieder in Berlin fortführte. Nach dem Ersten Theologischen Examen 1995 war sie bis 1997 Stipendiatin der Studienstiftung des Deutschen Volkes, danach bis 2001 wissenschaftliche Mitarbeiterin an der Philipps-Universität Marburg. 2002 promovierte sie über evangelische Jugendarbeit in der Sowjetischen Besatzungszone und der DDR. Es folgten Stationen in der Berliner Kirche, u.a. an der Evangelischen Akademie zu Berlin. Zeitgleich arbeitete sie an Projekten zur Aufarbeitung der DDR-Geschichte, u.a. bei der „Stiftung Aufarbeitung" in Berlin. Zur Pfarrerin ordiniert wurde sie 2004.

Bis Anfang 2006 war Ellen Ueberschär Studienleiterin für Theologie, Ethik und Recht an der Evangelischen Akademie Loccum, von 2006 bis 2017 war sie Generalsekretärin des Deutschen Evangelischen Kirchentages. Ellen Ueberschär ist verheiratet und Mutter einer Tochter.

Als Vorstand der Heinrich-Böll-Stiftung ist sie verantwortlich für die Inlandsarbeit der Stiftung sowie für Außen- und Sicherheitspolitik, Europa und Nordamerika. Sie betreut das Studienwerk, die „Grüne Akademie", einen think tank von Wissenschaftlerinnen und Politikerinnen sowie das Archiv „Grünes Gedächtnis" der Grünen und der neuen sozialen Bewegungen.

Der Heinrich-Böll-Stiftung ist Ellen Ueberschär seit Langem verbunden. Sie war Stipendiatin, später Mitglied der „Grünen Akademie". Von 2004 bis 2012 saß sie in der Mitgliederversammlung, dem höchsten Organ der Böll-Stiftung.

Dr. Julia Verlinden ist seit 2013 Bundestagsabgeordnete
für Bündnis 90/Die Grünen. Den Zustand der Erde
zu verbessern und Verantwortung zu übernehmen,
waren ihre Motivation in die Politik zu gehen.

Auf der Spur des grünen Fadens

Führung setzt sie nicht mit exponierten Positionen gleich.
Führung, sagt sie, gehe auch von unten.

Dr. Julia Verlinden

MOTIVATION

Ganz oben auf dem Wasserturm in Lüneburg angekommen, deutet Julia Verlinden auf drei Stellen am Horizont. Erstmal in Richtung Norden. Dort zeichnet sich schemenhaft das Kernkraftwerk Krümmel ab. Ein Sinnbild dafür, was die Umweltwissenschaftlerin dazu gebracht hat, sich politisch zu engagieren. Am 26. April 1986, da ist sie sieben Jahre alt gewesen, war es im russischen Tschernobyl zur Reaktorkatastrophe gekommen, deren Ausmaß ihr Leben als Kind veränderte: „Wir durften das Obst von den Bäumen in dem Jahr nicht essen, nicht mehr im Sandkasten spielen." Die Alltagsregeln für sie und ihre vier Schwestern hätten sich durch die verursachte Strahlung geändert, ihre Eltern hätten sich viele Gedanken gemacht, die ganze Familie sei damals auf Demonstrationen gegangen. Dieses Engagement für die Umwelt und ihren Schutz ist ihr geblieben.

QUALIFIKATION

In südwestlicher Richtung steht der Gegenentwurf in Sachen Energie: Dort ragen einige Windkrafträder in den nachmittäglichen Himmel. Und im Süden ist die Leuphana Universität zu sehen. Hier hat Julia Verlinden ihr Diplom in Umweltwissenschaften gemacht und wurde ein paar Jahre später promoviert mit einer Arbeit über „Energieeffizienzpolitik als Beitrag zum Klimaschutz".

Umweltschutz sei der „grüne" Faden, der sich durch ihr Leben ziehe. Er sei ihre Motivation für die Verantwortung, die sie etappenweise übernommen habe. Erst in einem Greenteam, in Projekten an der Schule, später bei der BUND-Jugend, bei der sie als Jugendliche zunächst an einer Fahrradtour teilgenommen hat, um für eine neue Verkehrspolitik zu werben. Später hat sie selbst eine große Radtour zum Thema Energiewende organisiert. Schon damals ist sie auf andere Menschen zugegangen, um sie zu informieren und zu überzeugen. Schritt für Schritt wuchs sie so in Führungspositionen hinein – obwohl sie Verantwortung nicht mit Führung gleichsetzt.

VERSTÄNDNIS VON FÜHRUNG

Verantwortung zu übernehmen und dadurch zu führen, gehe auch von unten, sagt Julia Verlinden: „Weil man mit Engagement dem ganzen Team hilft." Das Buch „Cheffing: Führung von unten" (siehe Literaturliste) vermittele, „dass man immer führt, wenn man gut ist, egal, auf welcher Position man sitzt". Sie selbst habe ihren Vorgesetzten beim Umweltbundesamt gebeten,

sie bei der Umsetzung ihrer Themen zu unterstützen, „indem er beispielsweise eine Entscheidung trifft oder mit dem Abteilungsleiter spricht, damit
es vorwärts geht." Das alles in Maßen, damit sich ihr Chef nicht überrannt
fühlte. Die Konsequenz: „Er hat dann gemerkt, dass ich ein Interesse daran
habe, dass die Dinge voran gehen." Auch damit hat sie offenbar ihre Entwicklung vorangetrieben.

Bereits in der Abizeitung ihres Jahrgangs hat Julia Verlinden als Berufswunsch „Umweltlobbyistin oder Umweltpolitikerin" geschrieben. Sie wollte
den „Zustand des Planeten verbessern" und habe dafür verschiedene Möglichkeiten gesehen. Den Plan, in einem Konzern zu arbeiten und dort alles
nach einem Umweltmanagement-System umzukrempeln, hat sie verworfen
und sich entschieden dorthin zu gehen, wo Gesetze gemacht werden. Während des Studiums hatte sie erste Kontakte zu der Partei, für die sie seit 2013
im Bundestag sitzt, 1998 ist sie bei Bündnins 90/Die Grünen eingetreten. Ein
Jahr später war sie Mitglied des Landesvorstands der Grünen Jugend Niedersachsen.

Lebensläufe lesen sich im Rückblick meistens sehr schlüssig. Bei Julia
Verlinden aber scheint bereits vorab vieles mindestens ordentlich durch-
dacht. Oft sagt sie beim Gespräch in ihrem Lüneburger Wahlkreisbüro, dass
sie erst das eine fertigmachen will, bevor sie den nächsten Schritt geht. So
war das mit der Dissertation, die sie erst beenden wollte, bevor sie aus ihrer
damaligen Stelle beim Umweltbundesamt in die Bundespolitik ging. Und sie
sagt es über die Erfahrungen, die sie in der Berufspraxis gesammelt hat – als
Geschäftsführerin des Kreisverbands Lüne-
burg von Bündnis 90/Die Grünen, dann als
Wissenschaftliche Mitarbeiterin beim Umweltbundesamt, wo sie später das Fachgebiet
„Energieeffizienz" geleitet hat. „Ich war vielleicht auch erfolgreich, weil ich gewartet habe,
bis ich eine bestimmte Erfahrung hatte und
mehr darüber wusste, wie ich das Kommende
erfolgreich umsetze und packe." Und: „Viel-
leicht habe ich auch immer nur die Schritte gemacht, von denen ich wusste,
dass es klappt, weil ich mich gut vorbereitet habe." Julia Verlinden fühlt sich
durch ihre Berufserfahrung unabhängig. Sie habe keine Angst davor, nicht
mehr für einen Posten aufgestellt zu werden, weil „du in deinen Beruf zu-
rückkannst, wenn es in der Politik nicht läuft. Zudem hast du ein ganz ande-

„Ich war vielleicht auch
erfolgreich, weil ich gewartet
habe, bis ich eine bestimmte
Erfahrung hatte ..."

Vom Dach des Lüneburger Wasserturms aus,
sind drei wichtige Stationen aus Julia Verlindens
Leben zu sehen: das Kernkraftwerk Krümmel,
Windenergieräder und die Leuphana Universität
Lüneburg.

res Standing, weil du aus deiner Berufserfahrung ganz anders berichten und agieren kannst." Das klingt nach innerer Freiheit und nach der Möglichkeit, sich stärker auf die Inhalte zu konzentrieren, unabhängig davon, wie der Wind gerade weht, erzählt sie in ihrem Büro im Zentrum Lüneburgs.

Hier wird sie von zwei Mitarbeitern unterstützt, von einem weiteren Mitarbeiter in ihrem Wahlkreisbüro Lüchow-Dannenberg im Wendland. In der Region 70 Kilometer süd-östlich von Lüneburg hat sich Ende der 1970er Jahre der Protest gegen das Atommüll-Endlager Gorleben formiert – und nach dem Super-Gau in Tschernobyl noch verstärkt. Auch hier gibt es einige Anknüpfungspunkte für ihr Thema: die Energiewende, die sie als Mitglied des Bundestages – in ihrem Berliner Büro hat sie vier Mitarbeiterinnen und Mitarbeiter – umsetzen will.

UMGANG MIT HINDERNISSEN

Gefragt nach Dingen, die nicht geklappt haben, nennt sie zwei Erlebnisse aus der Studienzeit. So hat Julia Verlinden sich vergeblich um ein Stipendium der Studienstiftung des deutschen Volkes beworben. Die anschließende Bewerbung bei der Heinrich-Böll-Stiftung, die den Grünen nah ist, hat dann geklappt. „Eigentlich eine glückliche Entwicklung", sagt sie dazu. Später wollte sie mithilfe eines Stipendiums in die USA. Auch diese Bewerbung war nicht erfolgreich. Sie schaute sich nach einer Alternative um und ging für zwei Semester nach England.

WEG IN DIE FÜHRUNG

Aus der Verantwortung Führung abzuleiten, sei „weniger geplant" gewesen, sagt Julia Verlinden. Eine solche Rolle zu übernehmen, habe sich in der Zeit entwickelt, als sie ihre Dissertation fertig hatte und nach ein paar Jahren beim Umweltbundesamt (UBA) dort eine Leitung gesucht wurde. Da habe sie sich gefragt: „Warum denn eigentlich nicht?" Die Stelle hat sie zehn Monate lang ausgefüllt, bevor sie in den Bundestag gegangen ist. Über eine solche Position in der Politik habe sie bereits früher „perspektivisch" nachgedacht, zum Zeitpunkt ihrer Bewerbung innerhalb des UBA sei das aber noch nicht konkret gewesen. „Das Bewerbungsverfahren dauert beim UBA recht lange", sagt sie.

Julia Verlinden wirkt fokussiert. Ihr Büro liegt zwar mitten im Zentrum der niedersächsischen Stadt, die oft von Touristen besucht wird. Die Straße aber gehört nicht zu denen, die mit ihren Giebelhäusern aus Backstein, den schmucken Fassaden und kleinen Geschäften die meisten Gäste anlocken.

STRATEGIE

„Ich halte immer Augen und Ohren offen und wenn sich etwas ergibt, frage ich mich, ob es passt. Geht das an dem Punkt, an dem ich gerade stehe?", sagt sie über ihr berufliches Vorankommen. Zudem hat sie sich stets fortgebildet. Bereits als 16- oder 17-Jährige hat Julia Verlinden zum Beispiel ein

Seminar beim Verein zur Förderung des politischen Handelns besucht, das ihr Verständnis davon, was eine Demokratie ausmacht und was es bedeutet, Verantwortung zu übernehmen, vertieft hat.

Den Ursprung dafür, Verantwortung zu übernehmen, sieht Julia Verlinden in ihrer Familie. Als älteste habe sie sehr schnell von ihren Eltern die Aufgabe bekommen, auf ihre Schwestern aufzupassen. „Dieses Gefühl, verantwortlich zu sein, das geht nicht mehr weg." Im Gegenteil, es habe sich später durch ihr Verständnis von Gesellschaft und Demokratie verstärkt – bedeute ihr aber auch Last auf den Schultern. „Mir ist klar geworden, dass alle Verantwortung haben – und dass man auch dafür verantwortlich ist, was man zulässt."

MOTIVATION

Womit sie wieder bei ihrem Thema ist: Umwelt- und Klimaschutz. Das ist ihr wichtig. „Es gibt ja so Leute, die sind sehr flexibel, in welcher Branche sie arbeiten oder wofür sie sich engagieren. Für mich wäre es schlimm gewesen, als Bundestagsabgeordnete plötzlich ganz andere thematische Schwerpunkte zu haben." Hätte das nicht geklappt, hätte sie ein ähnliches Thema gewählt – beispielsweise Verkehrspolitik, denn: „Ich will, dass es im Klimaschutz und im Umweltschutz vorangeht. Manchmal ist es dafür sinnvoller, auch mal einen Schritt nach links oder nach rechts zu machen."

STRATEGIE

Einen Schritt nach rechts oder links macht Julia Verlinden auch, um ihre Anliegen durchzusetzen. „Ich tendiere dazu, für inhaltliche Positionen auch Konflikte in Kauf zu nehmen. Das kann man natürlich nicht jede Woche mit jedem Halbsatz machen, weil man gar nicht die Zeit oder die Energie hat." Will sie etwas durchfechten, dann könne sie ihre Position nicht nur gut begründen, sondern auch strategisch zeigen, warum es für die Partei Sinn ergibt, einen Beschluss zu fassen und nach außen zu vertreten. „Es gibt Dinge, da bin ich zu Kompromissen bereit. Ich kann dann mal meine Meinung sagen, einem Beschluss zustimmen und das Thema zu einem anderen Zeitpunkt wieder aufnehmen. Das kündige ich dann auch an." Sie denke strategisch. „Ich muss mir dann gegebenenfalls Verbündete suchen, wenn ich mal anders votiere."

UMGANG MIT KRITIK

Und wie geht sie mit Kritik um? „Ich habe bei meinem ersten fight gemerkt, dass ich das nicht persönlich nehme, weil es um die Sache geht. Ich möchte eben alles versuchen, bevor ich mich auf einen Formel-Kompromiss einlasse." Sie mache aber einen Unterschied, woher die Kritik kommt – von außen oder von Verbündeten. „Also, wenn z.B. Greenpeace jetzt sagt, ‚Hey, Julia, das ist jetzt aber Mist, dass du diese Pressemitteilung herausgegeben hast.', dann beschäftigt mich das und ich frage mich, warum haben wir hier unterschiedliche Einschätzungen." Das sei etwas ganz anderes, als wenn ihr jemand sagen würde: „Ja, Frauen sind halt doof."

Julia Verlinden versteht sich als Fachpolitikerin – im Gegensatz zur Ministerebene, wo es „vermutlich weniger wichtig ist, sich fachlich auszukennen als politisch." Sie bringe sich inhaltlich stark ein und diskutiere ihre Ideen mit Kolleginnen und Mitarbeitern. In dem Sinne sei Führung mehr für sie als Personalführung. „Für meine Begriffe geht es bei Führung auch darum, Prioritäten hinsichtlich der Inhalte und Projekte zu setzen, die wir machen. Führung ist auch, sich innerhalb der Fraktion durchzusetzen, das sind immerhin 67 Führungskräfte. Katrin Göring-Eckhart und Anton Hofreiter sind das natürlich ein bisschen mehr. Ob man sein Thema stark macht, das hat dann auch was mit Führung zu tun." Deshalb gebe es bei ihr „jedes Jahr Mitarbeitergespräche, regelmäßige Teambesprechungen und Klausursitzungen. Wir klären, wer wofür zuständig ist." Und sie sagt: „Das Gute ist, dass man auf viele Dinge schon achten kann, wenn man sich ein Team zusammenstellt. Wir arbeiten in dieser Konstellation schon recht lange zusammen." Personalführung mache weniger als zehn Prozent ihrer Arbeitszeit aus.

ANSPRUCH AN FÜHRUNG

Neben dem Gefühl für den richtigen Zeitpunkt seien auch Glück und wohlmeinende Menschen für ihre Karriere wichtig gewesen, erklärt Julia Verlinden. Dabei war es nicht nur quasi vom Himmel gefallene Sympathie, sondern auch aktives Suchen nach Verbündeten: „Ich wollte denjenigen, die mich wählen, einen Grund geben, das aus voller Überzeugung zu tun", sagt sie beispielsweise über die Zeit, als ihre Partei darüber entscheiden wollte, wer als Spitzenkandidat oder -kandidatin für das Land Niedersachsen in den Bundestagswahlkampf 2017 geht. Und 2013 habe es in ihrem Wahlkreis zwei weitere Kandidaten gegeben, gegen die sie sich durchsetzen musste. „Im besten Fall klärt man erstmal seine Chancen ab", betont sie. Zumal eine Kandidatur auch etwas anderes sei als die Bewerbung um eine Stelle. Weil sie öffentlich ist und die Entscheidung von den Medien begleitet wird. Und weil bei einer Kandidatur „ganz unterschiedliche Kriterien für die Parteimitglieder, die ja basisdemokratisch entscheiden, ausschlaggebend sind."

Perspektivisch sei es für sie seit längerem ein Thema gewesen, für den Bundestag zu kandidieren. Sie habe

NETZWERKE

bereits früher nicht ausgeschlossen, hauptberuflich Politik zu machen, habe aber noch nicht gewusst, wann das passen würde.

MENTORING/
NETZWERKE

Mehrfach hat Julia Verlinden an Mentoring-Angeboten teilgenommen. So hat sie während ihrer Zeit als Wissenschaftliche Mitarbeiterin am UBA bei einem europäischen Mentoring-Programm der Soroptimisten, einer Internationalen Vereinigung berufstätiger Frauen, mitgemacht. Gemeinsam mit Frauen aus anderen Ländern hat sie Wochenendseminare und Trainings zu Verhandlungsführung, Rhetorik und anderen Themen besucht, die sie als „sehr hilfreich" bezeichnet. „An der Uni war ich bei einem Mentoringprogramm für Frauen dabei, die ihre Doktorarbeit schreiben. Da ging's weniger um Führung, sondern wie findet man seinen Weg und wie wird man fertig mit der Dissertation." Zudem sei eine – inzwischen ehemalige – Kollegin vom Umweltbundesamt ihre Mentorin. „Wir versuchen, uns zwei Mal im Jahr zu sehen." Diese Frau hatte nie selbst Personalverantwortung, kannte aber die Strukturen am Umweltbundesamt so gut, dass sie Julia Verlinden während der Bewerbungsphase für die Führungsrolle am UBA „sehr hilfreiche Tipps gegeben" habe: „Es gibt ja manchmal Dinge, auf die man selbst nicht direkt kommt. Vor dem Bewerbungsgespräch habe ich auch mit der Gleichstellungsbeauftragten gesprochen. Thema war damals die Frage: Wie kriege ich den Job?" Ihre Mentorin sei damals Ansprechpartnerin für Kolleginnen gewesen, die parallel zur Stelle beim UBA an einer Promotion gearbeitet haben: „Dass sie meine Mentorin wurde, hat sich entwickelt." Zudem habe sie bei der Heinrich-Böll-Stiftung oder bei der Bundesakademie für öffentliche Verwaltung (BAKöV) Fortbildungen besucht, beispielsweise „Projektmanagement" oder „Führung". Letzteres durfte sie erst belegen, als sie die Zusage für die Führungsposition hatte.

> „Es gibt ja manchmal Dinge, auf die man selbst nicht direkt kommt."

MÄNNER
UND FRAUEN

Zum Glück in ihrer Karriere zählt Julia Verlinden außerdem, dass sie nach ihrem Studium immer Dinge gemacht habe, die ihr Spaß machen. Zudem habe sie am Umweltbundesamt und in ihrer Partei zu 90 Prozent mit modernen Männern zu tun gehabt, „für die Gleichberechtigung normal ist und die sich zum Teil als die größeren Feministen verstehen." Sie betont: „Heile Welt war das nicht." Aber die Männer dort seien „weiter als der Durchschnitt" gewesen: „Das hat Auswirkungen auf die Unterstützung, aber auch auf das Arbeiten auf Augenhöhe."

Dr. Julia Verlinden

Jahrgang 1979

Mitglied des Deutschen Bundestages, Fraktion Bündnis 90/ Die Grünen, Wahlkreis: Lüneburg – Lüchow-Dannenberg

Julia Verlinden ist verheiratet und lebt in Lüneburg.

Kontakt

Dr. Julia Verlinden, MdB
Platz der Republik 1
11011 Berlin

julia-verlinden.de

facebook.com/jul.verlinden
twitter.com/julia_verlinden
instagram.com/j_verlinden

Beruflicher Werdegang

| seit Oktober 2013 Mitglied des Deutschen Bundestages

| Januar – Oktober 2013 Leiterin des Fachgebiets Energieeffizienz im Umweltbundesamt

| November 2006 – Dezember 2012 Wissenschaftliche Angestellte im Umweltbundesamt

| Mai 2005 – November 2006 Kreisgeschäftsführerin Bündnis 90/Die Grünen, Kreisverband Lüneburg

Kommunalpolitik

| 2006 – 2011 Abgeordnete im Kreistag Lüneburg

| 2002 – 2006 Ratsfrau im Stadtrat Lüneburg

Parteigremien

| seit Januar 2017 Mitglied im Vorstand des Kreisverbands Lüneburg

| seit Oktober 2016 Mitglied im Ortsvorstand Lüneburg

| seit Oktober 2013 Mitglied im Parteirat von Bündnis 90/Die Grünen Niedersachsen

| 2005 – 2007
Mitglied im Parteirat
von Bündnis 90/Die Grünen
Niedersachsen

| 2003 – 2005
Beisitzerin im Landesvorstand
Bündnis 90/Die Grünen
Niedersachsen

| 1999 – 2001
Landesvorstand Grüne Jugend
Niedersachsen

| seit 1998
Mitglied Grüne Jugend & Bündnis 90/Die Grünen, Mitarbeit in
verschiedenen Landes- & Bun-
desarbeitsgemeinschaften, sowie
Arbeitsgruppen im Kreisverband
Lüneburg

Ausbildung

| 2008 – 2012
Promotion zum Thema „Energie-
effizienzpolitik als Beitrag zum
Klimaschutz. Analyse der Um-
setzung der EU-Gebäude-Richt-
linien in Deutschland (Bereich
Wohngebäude), Uni Lüneburg
(Stipendium der Heinrich Böll
Stiftung)

| 1998 – 2005
Studium Umweltwissenschaften,
Leuphana Universität Lüneburg
(Schwerpunkte: Umweltpolitik,
Umweltökonomie und Umwelt-
kommunikation)

| 2002 – 2003
Kurs „Zukunftspiloten" des
Deutschen Naturschutzrings

| 2001 – 2002
Studium „Environmental
Management" an der Keele
University in Großbritannien

Weitere berufliche Erfahrungen

| 2012 – 2013
Associate im Think-Tank
Energiewende der Stiftung
neue Verantwortung

| 2003
Praktikum in der
Stadtverwaltung Lüneburg

| Seminarleitung in der politi-
schen Bildung beim Verein zur
Förderung des
politischen Handelns

| 1999 – 2004
Mitarbeit in
Hochschulgremien

Anna Ramskogler-Witt ist Direktorin des Human Rights
Film Festival Berlin. Sie hat sich schon in ihrer Jugend
für Kunst und ihre Vermittlung interessiert,
Kunstgeschichte aber ohne konkretes Berufsziel studiert.

Menschenrechte im Fokus

Sie lässt sich gern von dem leiten, was das Leben
ihr bietet. Vor allem im Rahmen ihrer Herzensinteressen:
Menschenrechte. Film. Kunst.

Anna Ramskogler-Witt

E in freundliches Lächeln, ein fester Händedruck und feuerrotes Haar. Aufmerksam tritt Anna Ramskogler-Witt ihrem Besuch entgegen. „Möchtet ihr einen Kaffee?", fragt sie. Gebracht wird der von ihrem Mann. Das Paar ist ein gutes Team. Die beiden unterstützen sich gegenseitig in ihrer Arbeit. Auch deshalb findet das Gespräch im Loft der Firma von Jörn Witt in einem Berliner Hinterhof statt. Er ist einer von zwei Geschäftsführern bei speaker-search, einer Sprecheragentur mit Tonstudio. Im Empfangsraum sitzen ein paar Männer konzentriert vor großen Monitoren. An der Kopfseite befindet sich eine Küchenzeile, an den Wänden hängt eine Ausstellung mit Cartoons.

PARTNER-
SCHAFT

In einem der großzügigen Räume setzen wir uns an die einzigen Möbel: ein Tisch mit drei Stühlen. Drumherum liegt ein wenig kabelige Technik auf dem Boden und den Fenstersimsen. Die Firma ist erst vor Kurzem hier eingezogen. Anna Ramskogler-Witt hat bei der Renovierung geholfen, soweit das ihre Zeit zugelassen hat: „Ich war fast jeden Tag hier." Sie unterstützt ihren Mann, beispielsweise wenn er eine Ausstellung eröffnet. „Wenn Jörn etwas braucht, dann mache ich das. Und wenn ich was brauche, macht er das. Er hat letztes Jahr beim Filmfestival sehr viel mitgeholfen. Das hatte auch mehr positive Effekte, als dass er mir Arbeit abgenommen hat: Wir sahen uns dadurch öfter", sagt sie angesichts der zu unterschiedlichen Zeiten besonders vollen Terminkalender der beiden. „Ich habe das große Glück, dass wir beide ganz viel miteinander machen und Verständnis haben für das, was der andere macht, und das auch gut finden. Und dass wir uns gegenseitig pushen und am Leben erhalten." Zuhause teilt sich das Paar die Arbeit.

MOTIVATION

Die Direktorin des Human Rights Film Festival Berlin arbeitet gern: „Ich wollte immer arbeiten und schnell und viel, weil es unfassbar viel Spaß macht. Wenn ich langsame Phasen habe, also, wenn ich konzipiere und plane, ist das okay. Aber wenn ich nichts zum Tun habe, werde ich super unruhig." Ihr Dialekt schimmert durch, wenn sie erzählt. Zur Welt gekommen und aufgewachsen ist Anna Ramskogler-Witt in Österreich. In Berlin hat sie zwei Aufgaben zum Zeitpunkt des Interviews: Im April 2019 ist sie Direktorin des Filmfestivals geworden. Bis Anfang 2020 war sie parallel beim European Center for Constitutional and Human Rights e.V. (ECCHR) angestellt, bei dem sie zuvor drei Jahre lang die Stabsstelle Fundraising & Partnerships geleitet hatte. Jetzt berät sie das Center freiberuflich weiter: „Das ECCHR hat die Methodik der juristischen Intervention entwickelt." Die Organisation bekämpft weltweit mit juristischen Mitteln Menschenrechtsverbrechen und versucht gleichzeitig, die Menschenrechte zu stärken. So hat das ECCHR beispielsweise 2004 und 2007 in Deutschland und Frankreich drei Strafanzeigen gegen Mitglieder der US-Regierung wegen Kriegsverbrechen und Folter in den Militärgefängnissen Guantánamo und Abu Ghraib gestellt. Zu den Angezeigten zählt der ehemalige US-Verteidigungsminister Donald Rumsfeld. „Man darf vermuten, dass das der Grund war, weshalb Rumsfeld nicht mehr nach Deutschland reist. Das ist schon großartig", kommentiert Anna Ramskogler-Witt das.

Beim Filmfestival geht es um ähnliche Themen, die die Veranstalter nicht nur mit dem Transportmittel Film zugänglich machen. Sie sehen das Festival als Plattform für die Auseinandersetzung mit Menschenrechten – und in dem Zusammenhang auch mit Demokratie, Verantwortung, Repression, Ausbeutung, Krieg und Nachhaltigkeit. Beim jährlichen Festival im Herbst laden die Veranstalter zu Filmvorführungen, Podiumsdiskussionen und Workshops ein.

Nach Berlin ist Anna Ramskogler-Witt bewusst gegangen, nachdem sie in ihrer Heimat bereits einige Jahre in der Filmbranche gearbeitet hatte. Wien, vor allem die Filmlandschaft, sei ihr zu klein geworden. „Man kennt gefühlt schnell alle Akteure und Akteurinnen. Alle sind sehr gut vernetzt." Es habe keine Firma gegeben, für die sie wirklich arbeiten wollte. „Als ich das realisierte, beschloss ich, dass ein Tapetenwechsel angesagt ist." Sie habe auch einen Perspektivwechsel gebraucht. Also ist sie dorthin gegangen, wo sie die meisten Menschen außerhalb Wiens kannte. In Berlin wollte sie ursprünglich nur ein oder zwei Jahre bleiben, um dann wieder nach Österreich zurückzugehen. Aber bereits in der ersten Woche an der Spree hat sie ihren Mann kennengelernt. Und: „Berlin hat mich gecached." Stellt sie denn kulturelle Unterschiede fest? Ja: In Wien sei alles viel verbindlicher, die Menschen besser vernetzt. „In Berlin ist die Kommunikation direkter. Damit musste ich erst lernen, umzugehen. Zugleich ist es befreiend, zu sagen was man denkt", antwortet sie und lacht.

In beruflichen Situationen zu lachen, habe sie sich lange nicht getraut. „Weil ich dachte, dass ich als Frau sonst nicht ernst genommen werde." Auch andere Verhaltensweisen habe sie an diesem Maßstab ausgerichtet. „Inzwischen ist es mir egal. Ich lache." Sich so zu geben, wie man ist, sei mit das

Wichtigste überhaupt. Sich zu verstellen, um sich anzupassen, hingegen anstrengend. „Es raubt so viel Zeit und Kraft."

Gestört habe sie in Wien auch das Ungleichgewicht zwischen Männern und Frauen. Die Leitungsfunktion habe fast immer bei Männern gelegen, für die „viele, unterbezahlte, hochmotivierte junge Frauen gearbeitet haben." In Berlin habe sie gemerkt, „dass das überall so ist und man selbst etwas tun muss, wenn sich etwas ändern soll."

In ihrer Kindheit sei sie von ihrer Familie angeregt worden, sich selbst eine Meinung zu bilden. „Die Devise war immer: ‚Du musst es selbst wissen und selbst herausfinden und dir selbst anlesen und nicht wie alle anderen dem Marsch folgen. Sonntags beim Frühstück wurde bei uns immer diskutiert", erinnert sich Anna Ramskogler-Witt. Ihre Eltern seien sehr offen in ihrem Denken. Zudem haben ihre Eltern Wert daraufgelegt, dass ihre Kinder auch in handwerklicher Hinsicht selbstständig sind. Die Devise war: „Du musst alles machen." Dazu gehörte bohren, schrauben, Holz hacken, Glühbirnen wechseln. Heute sagt Anna Ramskogler-Witt: „Hat funktioniert, ich kann wunderbar alles selber." Sie sei immer von ihren Eltern und ihren Schwestern unterstützt worden. „Meine Schwestern sind 14 und zwölf Jahre älter als ich. Aber ich hab' von denen immer gehört: ‚Du machst das schon. Und nun mach mal.'"

Einfach mal machen wollte sie auch, als sie das Studium der Kunstgeschichte begann. Aus reinem Interesse. Ein berufliches Ziel hatte sie nicht. Oder doch: Auf keinen Fall wollte sie Wissenschaftlerin werden: „Ich glaube, die Universität ist einer der am heftigsten umkämpften Arbeitsmärkte." Sie habe sich während des Studiums inhaltlich auseinandersetzen wollen mit dem Ziel, Menschen dazu zu bewegen, nachzudenken. „Der Rest hat sich so ineinander gepuzzelt. Ich glaube, dass es wichtig ist, dass man bei diesem Ineinanderpuzzeln offen ist für Gelegenheiten. Dass man nicht sagt: ‚Oh, das kann ich nicht.' Sondern: ‚Oh, darf ich ausprobieren?'".

Einen ähnlichen Rat hat ihr mal eine Personalerin gegeben, bei der sie sich mit 22 oder 23 Jahren um einen Nebenjob in der Öffentlichkeitsarbeit beworben hatte. „Ich habe vorher gesagt, was ich alles ausprobiert habe, und dass ich gern dazulerne." Die Rückmeldung der Personalerin dazu: „Hör auf zu sagen, dass du dazulernen willst. Fang mal an, wie die Männer: Dass du dir zutraust, dir das selbst beizubringen. Wenn du glaubst, du kannst das, dann sag einfach: ‚Spannend, das kriegen wir hin.'" Die etwa 30 Jahre ältere Frau habe hervorgehoben, dass Anna Ramskogler-Witt mit Anfang 20 über mehr

Berufserfahrung verfüge als andere – weil sie gearbeitet hat, seit sie 16 Jahre alt ist. Eine wichtige Erkenntnis sei das gewesen. Und: „Ich finde, Frauen müssen das von den Männern übernehmen. Es wird doch meistens die eierlegende Wollmilchsau gesucht. Mit Youtube-Tutorials kann man einiges lernen, bevor man irgendwo anfängt (lacht). Ich glaube, dass die Leute alles reinschreiben und am Ende gucken, wer am besten passt."

In den ersten Job in der Filmbranche sei sie nach dem Studium reingerutscht: „Ein Wiener Filmverleih hat jemanden für Filmvermittlung gesucht." Nach zwei Jahren sei sie dann für das Marketing und die Organisation von Events verantwortlich gewesen. Gemeinsam mit zwei anderen Frauen hat sie bei „Poool" Dokumentarfilme erworben und an Kinos vertrieben. Die drei waren alle unter 30 Jahre alt und „bekannt für ziemlich innovatives Zielgruppenmarketing." Der aktuelle Name dafür sei „Impact Producing". Später hat sie interimistisch die Produktionsleitung des Menschenrechtsfilmfestivals „this human world" übernommen und hatte bereits vor, nach Berlin zu gehen. Bei einer Presseagentur an der Spree habe ihr der inhaltliche Schwerpunkt nicht gefallen, zudem habe sie wenig Raum gehabt, sich selbst zu entfalten. Drei Jahre begleitete sie danach als freiberufliche Pressereferentin internationale Dokumentarfilm-Premieren und merkte, dass sie lieber im Team arbeitet.

Was die Honorierung ihrer Arbeit betrifft, falle es ihr heute leichter, eine angemessene Bezahlung einzufordern. Dabei auf den Bauch zu hören, hält sie für falsch: Denn dann verlangten die meisten Frauen zu wenig, ist sich Anna Ramskogler-Witt sicher. Hier helfe ein Blick in die entsprechenden Brancheninformationen und Gehaltsspiegel. In der Hinsicht habe sie viel von ihrem Mann gelernt, der ihr auch in solchen Fragen den Rücken stärkt. Die Augen habe ihr ein Gespräch mit einem jungen Mann geöffnet, der sich bei ihr beworben hat. Als Berufseinsteiger habe er ein Gehalt verlangt, wie sie es in ihrer damaligen Position bekam – allerdings mit mehreren Jahren Berufs- und Leitungserfahrung.

Für ein Projekt ist sie gar nicht honoriert worden. Sie wusste, dass es auf finanziell unsicheren Füßen stand und denkt heute, dass sie Vorkasse hätte einfordern sollen – und können, weil ihre Arbeit als Pressereferentin dringend gebraucht war. Sie verlangte das aber nicht, die Firma ging insolvent, ihr Honorar hat sie nie gesehen. Rückblickend sagt sie, dass sie niemanden erpressen wollte und deshalb keinen Druck gemacht habe: „Bauchgefühl ist wichtig. Das ist aber gar nicht so einfach, wenn man einen Job gern machen möchte." Inzwischen achtet sie mehr auf ihre Einschätzungen.

„Auf den Bauch hören. Nicht unterkriegen lassen. Und mit ganz viel Humor rangehen. Und vor allem, nicht unterkriegen lassen", antwortet sie auf die Frage, welche Tipps sie anderen Frauen für ihr Berufsleben mitgeben möchte. Für das „Nicht unterkriegen lassen", seien Netzwerke hilfreich. Weil man dort über viele Fragen reden könne, ergänzt Anna Ramskogler-Witt und sie rät: „Zähne zusammenbeißen. Klingt doof, aber manchmal bringt es das." Sie selbst habe das bei einer Anstellung zwei Jahre lang gemacht. Die Arbeit bezeichnet sie heute als anstrengend, absurd – aber auch aufregend und sie sagt, dass sie dort besonders viel gelernt habe: „Ich bin fest davon überzeugt, dass man bei schwierigen Situationen nicht gleich aufgeben soll, sondern es als Herausforderung sehen kann." Allerdings müsse man auch wissen, dass man irgendwann eine Grenze ziehen und eine Sache beenden muss.

Es sei wichtig, dem Gegenüber zu signalisieren, dass er einen nicht aus der Ruhe bringt: „Man muss immer abwägen, was mache ich und wann mache ich etwas und wie gehe ich damit um." Ein Bekannter habe ihr geraten, nicht sofort auf alles zu reagieren, sondern sich erst einmal nur seinen Teil zu denken: „Und im Notfall lächele noch und merke es dir. Denke dir ‚Du Arschloch.' Und im richtigen Zeitpunkt reagierst du drauf.' Wohl überlegt. Man muss sich nicht alles gefallen lassen." Wichtig sei zudem sich klar zu machen, welche Kämpfe wirklich wert sind, ausgefochten zu werden und sich zu fragen, was dabei herausspringt. Eine eigene Strategie sei wichtig. Und: „Außerdem ist es okay, dass Frauen anders ticken als Männer." Wenn jemand emotional sei, dann sei das eben so. „Man muss sich davon lösen, dass man immer alles hart und korrekt machen muss."

Nach hart und korrekt klingt es auch nicht, was durch die Tür aus dem Empfangsraum zu hören ist. Die konzentrierte Stille wird hin und wieder durch Gelächter unterbrochen, inklusive kurzer Gespräche. Sonst ist in den Firmenräumen kaum etwas zu hören. Drumherum wird auch mit dem Kopf gearbeitet. In Unternehmen mit Namen wie „agentur für kranke medien GmbH". Berlin halt.

NETZWERKE

STRATEGIE

„Man muss sich davon lösen, dass man immer alles hart und korrekt machen muss."

Anna Ramskogler-Witt empfindet es als großes Glück, dass sie und ihr Mann sich beruflich und privat gegenseitig unterstützen. Deshalb ist dieses Bild in seiner Firma entstanden.

„Ich war auf einer Schule mit Kunst-Schwerpunkt. Das heißt, Kunst als Ausdrucksmedium begleitet mich spätestens seit damals intensiv", sagt Anna Ramskogler-Witt. Ihre Matura machte sie in Kunstgeschichte und Zeichnen. Kunst sei für sie immer schon ein Kommunikationsmittel gewesen – und damit auch der Film, den sie als Transportmittel besonders spannend findet, weil er emotional berührt und zugleich informiert. Beim ECCHR hat sich also ein Kreis geschlossen, denn dort konnte sie das, was sie im Studium und bei ihren vorherigen Aufgaben mitgenommen hat, miteinander kombinieren und anwenden. Was stringent wirkt, beschreibt Anna Ramskogler-Witt anders: Sie sei sehr offen „für das, was als Nächstes kommt, die Chancen, die das Leben bietet. Ich lasse mich in dieser Hinsicht manchmal sogar gerne treiben."

ANSPRUCH AN FÜHRUNG

Zu ihren Führungsrollen sagt sie: „Mir ging es nie explizit um eine Führungsrolle. Aber ich habe irgendwann gemerkt, dass ich mir ungern sagen lasse, was ich zu tun habe. Außer, ich kann denjenigen im äußersten Maße respektieren." Sie habe einige großartige Chefs gehabt, von denen sie viel gelernt habe. „Ganz schwierig finde ich aber zum Beispiel jemanden, der Micro-Management betreibt, Sachen verdreht, Sachen nicht zutraut oder sich mit fremden Federn schmückt. Ich habe das Gefühl, dass viele Leute mit Frauen anders kommunizieren als mit Männern. Das finde ich ganz schwierig." Sie könne sich auch aus dem Grund nicht vorstellen, in einem Konzern zu arbeiten. „Außer ganz oben", sagt sie lachend.

Sie führe fordernd und zugleich mit vielen Freiheiten. Die Eigenständigkeit der Mitarbeiterinnen und Mitarbeiter sei ihr ganz wichtig. Sie versuche, viel zu erklären und andere auf diese Weise mitzunehmen. Sie wolle nicht alles kontrollieren müssen und gebe Gestaltungsspielraum. Sind schnelle Entscheidungen erforderlich oder herrsche gerade hoher Arbeitsdruck, sage sie, welche Aufgabe gerade erfüllt werden müsse und suche nach Möglichkeit hinterher das Gespräch. „Ich versuche mir aber auch anzuhören, warum es die anderen anders machen wollen. Dabei lasse ich mich auch oft überzeugen." Sie wisse ja auch nicht in jedem Fall die beste Lösung. „Und manchmal ist anders nicht falsch, sondern nur anders. Unlogische Ansätze ärgern mich, oder wenn man nicht fragt, aber ich lasse mir gern erklären, warum man es anders machen kann."

Beim ECCHR hatte sie keine direkten Mitarbeiter. „Aber ich musste 30 Kolleginnen und Kollegen koordinieren und die Qualität in den Anträgen und Berichten halten. Das war zum Teil schon herausfordernd." Ihre beratende Tätigkeit jetzt bringe neue Erfahrung und viel Freiheit mit sich. Das Human Rights Film Festival Berlin wiederum ist einer größeren Organisation angegliedert, der gemeinnützigen GmbH „Aktion gegen den Hunger." „Und wie das bei Festivals so ist, ist der Umfang meines Staffs je nach Festivalphase sehr unterschiedlich. Aktuell sind wir nur zu zweit. Rund um das Festival werden uns aber wohl zehn Professionals und ca. 30 Volunteers unterstützen."

In ihrer Arbeit orientiert sich Anna Ramskogler-Witt nicht nur daran, was sie von früheren Vorgesetzten gelernt hat. Beeindruckt ist sie von Menschen wie Manfred Nowak. Der Menschenrechts-Jurist war UN-Sonderberichterstatter über Folter, wissenschaftlicher Direktor am Ludwig Boltzmann Institut für Menschenrechte und Richter der Menschenrechtskammer von Bosnien und Herzegowina. Es habe sie fasziniert, wie positiv und offen er ist, obwohl er mit Greueltaten zu tun hat. „Als ich ihn darauf ansprach, meine er, dass man gerade, wenn man mit diesen schwierigen Themen arbeitet, umso mehr die schönen Seiten wahrnehmen und genießen muss. Das hat mich beeindruckt."

VORBILDER

Zu ihren Vorbildern zählt Ally Derks, die in den 1980er Jahren die Idfa gegründet hat – das International Documentary Festival in Amsterdam. Es ist heute mit 280.000 Zuschauerinnen und Zuschauern das größte Dokumentarfilmfestival weltweit – in den Anfangszeiten sei ein solcher Erfolg nicht abzusehen gewesen, weil Dokumentarfilme damals nicht sehr beliebt gewesen seien. Auch das Familienmodell der Festivalgründerin beeindruckt Anna Ramskogler-Witt: „Aber sie hatte auch großartige Unterstützung von ihrem Mann, der ihr den Rücken freigehalten hat und zu Hause blieb und sich um die Kinder kümmerte." Später sagt sie zu ihrer eigenen Familienplanung: „Spannendes Thema. Ich bin da immer noch unentschieden – auch weil es Einschnitte bedeutet, gerade in der Karriere. Ich bewundere Frauen, die beides schaffen und habe größten Respekt davor." Sie beobachtet aufmerksam bei befreundeten Paaren, welche Lösungsmöglichkeiten die für diese Frage finden. Der Schlafentzug allerdings, der sei schon erschreckend.

MACHT

Bei ihrer Aufgabe als Festival-Direktorin fasziniert sie das Zusammenspiel von Film und Menschenrechten, die Zusammenarbeit mit Menschenrechtsaktivistinnen und -aktivisten. Deren Mut und Engagement seien inspirierend, zeigten auf, dass man sich wehren könne. Sie habe sehr viel von ihnen gelernt, beispielsweise beim Umgang mit und dem Schutz von Betroffenen. Ihre Arbeit zuvor beim ECCHR habe sie in eine andere Welt blicken lassen und gezeigt, „welche juristischen Mittel es gibt, um sich gegen mächtige Akteure und Akteurinnen, sei es Staaten, Diktatoren oder Unternehmen, zu wehren." Sie schätze es, aufzuzeigen, wie Staaten Verantwortung übernehmen können – und müssen. Es sei schön, in diesem Zusammenhang auch Macht zu spüren.

„Ich glaube, dass es wichtig ist,
dass man bei diesem Ineinanderpuzzeln
offen ist für Gelegenheiten.“

Anna Ramskogler-Witt

Jahrgang 1985

Kontakt
Human Rights Film Festival Berlin
Aktion gegen den Hunger gGmbH
Wallstraße 15 a
10179 Berlin

Telefon +49 (0) 30 279099720
info@hrffb.de

humanrightsfilmfestivalberlin.de

Anna Ramskogler-Witt ist seit April 2019 Direktorin des Human Rights Film Festival Berlin. Das Festival hat das Ziel, Menschen mithilfe von Film über Menschenrechte aufzuklären und zu eigenem Engagement anzuregen. Gleichzeitig betrachtet sie es als Plattform, um einen Brücke zwischen Nichtregierungsorganisationen und Storytellerinnen und Storytellern zu schlagen, um alle im Sinne einer Veränderung zusammenzuschließen.

Ihr Hintergrund liegt in der Kunst: Anna Ramskogler-Witt wurde in Linz an der Donau geboren und absolvierte dort auch ihre Matura (Abitur) an der Höheren Bildungslehranstalt für künstlerische Gestaltung. Beeindruckt von Kunst als Informationsmedium, das gesellschaftspolitische und philosophische Strömungen absorbiert und wiedergibt, studierte sie Kunstgeschichte.

Neben ihrem Studium arbeitete sie in kreativen Berufen, etwa als Kostümassistentin an der Staatsoper in Wien oder als persönliche Assistentin des Wiener Künstlers Tomak. Zudem bildete sie sich zur Kulturvermittlerin weiter. 2008 begann sie für den POOOL Filmverleih zu arbeiten, baute das Vermittlungsprogramm auf und war ab 2007 für den Bereich „Impact Producing" und Veranstaltungsmanagement tätig. 2011 übernahm sie die Interims-Produktionsleitung des Berliner Menschenrechtsfestivals „this human world". 2012 wanderte sie nach Berlin aus und machte sich nach einer kurzen Station in einer Filmpresseagentur selbstständig. Ende 2014 übernahm sie die Leitung des Berliner Büros einer Stiftung, die sich mithilfe von Film für weltweiten Frieden einsetzt. In dieser Funktion startete sie erfolgreiche Formate wie das „Cinema for Refugees".

2017 wechselte sie zum European Center for Constitutional and Human Rights, wo sie die Abteilung „Fundraising & Partnerships" aufbaute. Sie ist der Organisation bis heute als Beraterin verbunden. 2019 übernahm sie die Leitung des Human Rights Film Festivals Berlin.

Christine Tecklenburg hat sich mit 23 Jahren selbstständig gemacht. Und das in einem Beruf, den sie nicht gelernt hat. Die Raumausstatterin übernahm eine Segelmacherei.

Mit dem Wind der Chancen

Langfristige Pläne macht sie nicht. Sie will offen sein für die Möglichkeiten, die ihr das Leben bietet.

Christine Tecklenburg

Der Weg zu Christine Tecklenburgs Segelmacherei führt durch ein Café. Dann geht es eine steile Holztreppe hinauf, durch einen schmalen Gang an einem großen weißen Segel vorbei – und schon öffnet sich ein Raum mit diversen Nähmaschinen und wandhohen Regalen voller Stoffbahnen. Am Rand stehen Polster, Stühle und ein Sessel, der mit cognacfarbenem Leder überzogen ist. Eine durchsichtige Plastikplane schützt ihn. Am Regal gegenüber lehnt ein Ruder samt Pinne, für das Christine Tecklenburg eine Schutzhülle anfertigen soll. Sie hat ganz offenbar volle Auftragsbücher. Dabei hat jetzt, Anfang März, die Segelsaison noch gar nicht begonnen.

Aber Christine Tecklenburg kümmert sich nicht nur um Segel, Persennige und Sonnenschutz für Boote. Ihre Werkstatt ist zugleich eine Polsterei. Das ist der Beruf, den sie ursprünglich gelernt hat. Im Businessplan für ihre Firma „Interieur & Meer" hat sie die beiden Tätigkeiten für unterschiedliche Jahreszeiten eingeplant: Segel und Co. würde sie in den wärmeren Monaten ausbessern und herstellen, Polsterarbeiten hat sie für Herbst und Winter vorgesehen. Aber: „Es verschwimmt so ein bisschen", sagt die Segelmacherin. So richtig gefällt ihr das nicht: „Aber das ist letztendlich alles Organisationssache." Das bedeutet zum Beispiel: Wenn sie an Polstern gearbeitet hat und später noch Segel zuschneiden muss, wischt sie zwischendurch gründlich durch, denn: „Neue Segel sind statisch aufgeladen und ziehen Fusseln und Staub an."

Ein Handwerk auszuüben, war bereits ihr Plan, kurz bevor sie das Gymnasium nach der zehnten Klasse beendet hat. Raumausstatterin wollte sie werden. Ein Berufsberater riet ihr jedoch ab: „Weil es nur ein Männerberuf wäre, wo man Schränke und Tische hin und her schleppen würde", erinnert sie sich an das Gespräch, das sie dazu brachte, sich zunächst nach einem anderen Beruf umzusehen. Sie nahm sich vor, Mediengestalterin mit der Fachrichtung Digital und Print zu werden. Sie bewarb sich, hat aber keinen Ausbildungsplatz bekommen und sich zur Überbrückung für ein Jahr an einer Informatik-Schule angemeldet: „Damit man was Sinnvolles macht und bessere Qualifikationen oder einen Vorteil für die spätere Bewerbung bekommt. Ich wollte bessere Voraussetzungen für mich schaffen." Während der Zeit an der Schule hat sie aber gemerkt, dass der Beruf der Mediengestalterin einerseits nicht das Richtige für sie ist, und andererseits: „Wenn man mal ein halbes Jahr draußen ist – man weiß ja nicht, was die Zukunft bringt – ist der technologische Fortschritt oder ähnliches mit einer verlängerten Einarbeitungszeit verbunden." Das gefiel ihr nicht. „Das finde ich am Handwerk so gut: Wenn man da etwas gelernt hat und kann, behält man das Wissen. Fachwissen veraltet nicht. Es ist zudem gut, traditionelles Wissen zu haben, weil man das immer benötigt." Sie kehrte deshalb zu ihrem ursprünglichen Plan zurück und bewarb sich um einen Ausbildungsplatz als Raumausstatterin. Während der Lehre zeigte sich, dass der Berufsberater sie nicht nur falsch beraten, sondern auch Unrecht gehabt hatte: Weder müssen Raumausstatter ständig schwer tragen, noch ist es ein Männerberuf. Die Klasse an der Berufsschule habe zu 90 Prozent aus Frauen bestanden, erinnert sich Christine Tecklenburg und lacht.

Seit März 2014 ist sie selbstständig. Eine Aufgabe, die sie geformt habe, sagt die Unternehmerin, die mit 23 Jahren die Segelmacherei übernommen hat. Ein Alter, in dem sie sich als eher schüchtern beschreibt und als ein Mensch, der gern beobachtet und sich seinen Teil denkt, anstatt darüber zu sprechen. An die Anfänge in ihrer Werkstatt in Wunstorf erinnert sie sich so: „Damals wurde ich bestimmt teilweise erstmal misstrauisch beäugt. Ich musste mir das Vertrauen und den Ruf erarbeiten", sagt sie und erzählt von Erlebnissen mit Kunden: „Manche wollten Aufträge zu detailliert vorgeben. Wo ich dann gesagt habe: ‚Das kriegen wir schon hin.' Oder manche haben gesagt: ‚Wir probieren es mal bei Ihnen und wenn es nichts wird, bessern Sie es nach und wir sagen es keinem.'" Damals habe sie gelernt, schlagfertig zu werden. „Wenn Kunden gefragt haben, ob sie sich hinsetzen müssen, wenn sie

> „Ich gehe da mit Humor dran und gebe Sicherheit durch das Auftreten."

das Ergebnis sehen, habe ich gesagt: ‚Sie können sich auch hinlegen, ganz wie Sie wollen.' Manche wollen am Preis drehen und sagen: ‚Da kann man dann noch was machen.' Ich sage dann: ‚Ja, wir können ihn noch einrahmen oder unterstreichen", erzählt sie schmunzelnd und ergänzt: „Ich gehe da mit Humor dran und gebe Sicherheit durch das Auftreten." Die Schüchternheit ist nicht mehr zu spüren.

Sicherheit hat sie durch ihre neue Aufgabe und Position gelernt. Denn Christine Tecklenburg hat die Segelmacherei übernommen, ohne in dem Beruf ausgebildet zu sein. So sei auch den Kundinnen und Kunden klar gewesen, dass sie damals nicht die Erfahrung ihres Vorgängers besessen haben konnte. Beim Übergang sei er an ihrer Seite gewesen: „Er hat mich unterstützt und kam immer mal mit Aufträgen an und war für Rückfragen offen." Zudem hat sie seine Mitarbeiterin übernommen, die inzwischen über 39 Jahre Berufserfahrung in der Segelmacherei verfügt. Eine Frau, auf die sie nicht nur bauen konnte, weil sie ihren Job versteht. Es passt auch menschlich: „Ich musste darauf vertrauen, dass sie weitermacht. Sie hätte ja auch gehen können. Zudem schwingt Angst mit, wenn Mitarbeiter viel älter sind und dann kommt da sowas ‚Frisches' und will alles ändern." Auch deshalb habe sie vieles beibehalten, was in der Segelmacherei gang und gäbe war. Allerdings hat sie andere Dinge auch verändert. „Ich habe viel hinterfragt, warum die Arbeitsschritte so sein müssen: ‚Warum tut das Not? Warum macht ihr das immer so?' Vieles haben wir auf dieser Grundlage geändert, vieles aber auch beibehalten. Man muss nicht alles umstoßen, was funktioniert hat." Auch da führt Christine Tecklenburg Tradition und modernes Denken zusammen.

Der Übergang gelang, aber sie musste sich auch durchsetzen: Während der ersten Übernahmegespräche plante ihr Vorgänger eine Einarbeitungszeit von mehreren Jahren. „Aber da hat man ihm auch nahegebracht, dass das nichts bringt, wenn ich erst als Angestellte sozusagen eine Lehre machen würde. Da hätte man sich auch den Kunden gegenüber selbst abgewertet. Außerdem wollte er ja auch zeitnah in den Ruhestand", erinnert sie sich und gesteht ihm zu: „Sicherlich ist es auch nicht einfach, sein Lebenswerk zu übergeben." Durch die Einbindung in der ersten Zeit nach der Übergabe sei er dankbar gewesen, „dass er noch ein bisschen repräsentieren durfte, obwohl es ihm nicht mehr gehört. Man hätte ihn ja auch komplett vom Thron stoßen können, aber das war nie meine Absicht. Auch heute ist er jederzeit willkommen, genießt aber seinen verdienten Ruhestand." Ihr Vorgänger sei sehr glücklich darüber gewesen, dass sein Lebenswerk weitergeführt wurde und der Arbeitsplatz seiner Mitarbeiterin gesichert war. Er habe immer sehr positiv über seine Nachfolgerin gesprochen. Zudem seien die Kunden froh gewesen, dass die Segelmacherei weiterhin bestand. Christine Tecklenburg freut sich über das Vertrauen, das ihr damals entgegengebracht worden sei, und über das positive Feedback.

Und wie läuft die Zusammenarbeit mit einer Frau, die wesentlich mehr fachliche Erfahrung hat als die Chefin? Sie halte Rücksprache mit ihrer Mitarbeiterin, die halbtags in der Werkstatt ist: „Am Anfang hat sie mir auch Tipps gegeben, wie viele Stunden ich für einen Arbeitsschritt kalkulieren sollte." Ihre Mitarbeiterin habe es beispielsweise wesentlich besser abschätzen können, wie lange einzelne Arbeitsschritte brauchen. „Ich musste mir damals eingestehen, dass man nicht alles weiß und nicht immer perfekt ist. Das muss man auch nicht sein. Hilfe benötigt man immer und so kann man auch seine Wertschätzung zeigen", sagt Christine Tecklenburg, die auch auf diese Weise in ihre Aufgaben hineingewachsen ist.

„Hilfe benötigt man immer und so kann man auch seine Wertschätzung zeigen."

Heute sieht die Arbeitsaufteilung so aus, dass sie die Ausmessarbeiten und die Kundenberatung mache. Ihre Mitarbeiterin arbeite ihre Aufgaben ab und nehme auch mal Anfragen entgegen, wenn sie nicht vor Ort sei. „Ich spreche aber meist nochmal mit dem Kunden, mache dann das Angebot und Termine fix. Wir haben zwar Preislisten, so dass sie durch ihre Erfahrung dem Kunden grob etwas sagen kann, aber oft sind es auch Sonderlösungen." Sie arbeite teamorientiert, aber: „Autorität muss natürlich da sein. Wenn das nicht wäre, dann würde es nicht funktionieren." Für sie zählten aber vor allem das Ergebnis und die Zufriedenheit der Kunden. „Interne Strukturen finde ich dann nicht so dominierend." Sie erledige deshalb auch nicht nur die Aufgaben einer Chefin, sondern sorge auch dafür, dass die Arbeitsabläufe funktionieren. Weil ihre Mitarbeiterin älter sei, schneide sie auch mal die Segel zu und sorge mit eigenen Überstunden dafür, dass ein mit Kunden vereinbarter Termin eingehalten wird. „Ich arbeite zielorientiert. Chef sein ist kein Privileg auf Sonderbehandlung, sondern in erster Linie Verantwortung. Respekt muss man sich erarbeiten."

Christine Tecklenburg liebt das Handwerk. „Ich finde das ganze Berufsfeld toll, es ist sehr kreativ und vielseitig. Wenn ich etwas mit meinen eigenen

Händen gestalte, was es vorher noch nicht gab, oder Sachen repariert bekomme, die die Kunden schon fast aufgegeben haben, macht mich das innerlich zufrieden." Sie mache gern auch andere auf ihre Arbeit neugierig, in dem sie von ihren Tätigkeiten erzähle oder davon, dass sie frühmorgens beim Ausmessen Tiere am Wasser beobachten könne. „Interieur & Meer" liegt nämlich direkt am Steinhuder Meer. „Ich mache da gern die Kunden und andere neugierig, wecke Interesse." Sie freue sich darüber, wenn sie alte Planen instandsetzen oder neue anfertigen könne, die genau passen. „Auch Erbstücke oder Erinnerungen können erhalten werden, wenn man speziell an die Polsterei denkt", schwärmt sie von ihrem Handwerk, das zudem umweltfreundlich sei und Ressourcen spare. Auch die Begegnungen mit Menschen mag sie. Vor allem dann, wenn es keine ernste Pflichtveranstaltung sei. „Segelei ist ja für die meisten Hobby und Freizeit und da sollte der Auftragsablauf für den Kunden auch stressfrei erfolgen." Dass sie deshalb oft am Wochenende arbeiten müsse, sei okay. „Das wusste ich ja auch vorher, darauf muss man sich eben einstellen." Ihr sei am Anfang gesagt worden, dass sie jedes Wochenende arbeiten müsse: „Aber so ist es nicht. Planung ist sehr wichtig. Ich mache einfach fünf Termine im Zehnminuten-Takt, wenn die Kunden nur etwas abgeben oder holen wollen. Kommunikation und Organisation ist dabei ganz wichtig."

Es ist hell in der Werkstatt. Licht fällt durch drei Fenster auf der einen langen Wandseite herein, gegenüber sind es fünf. Davor liegt der Hof, in dem ihr neues Lieferfahrzeug steht. Auch Kunden können hier parken, um Segel, Persennige oder Möbel zum Überarbeiten und Erneuern abzugeben. Hinter der Hofmauer aus Backstein steht ein altes, halbzerfallenes Gemäuer, auf dem sich ein Storchenpaar sein Nest eingerichtet hat.

UMFELD/
FAMILIE

Die Eltern der Segelmacherin und Polsterin sind Handwerker: Ihre Mutter ist Friseurin, hat die Berufstätigkeit aber aufgegeben, um für Christine und ihren großen Bruder da zu sein. Ihr Vater ist Elektriker. „Und wir wurden zuhause auch immer ein bisschen handwerklich mit herangezogen. Man hat halt vieles selbst gemacht", erzählt Christine Tecklenburg, der als Jugendliche die Fernseh-Sendungen gefallen haben, in denen zu sehen war, wie aus alten Sachen Neues gemacht wurde. „Und wenn man seinen Beruf richtig macht, dann hat man glückliche Kunden. Handwerk ist ein dankbarer Beruf. Ich konnte mir das deshalb sehr gut auf Dauer vorstellen." Über einen Kontakt ihres Vaters sei sie darauf aufmerksam geworden, dass ihr Vorgänger eine Nachfolge für die Segelmacherei suchte. Damals arbeitete sie in Harpstedt bei Bremen. Ihre Familie sei froh gewesen, dass sie wieder etwas näher an ihre Heimat gezogen sei.

Von ihrer Familie, vor allem von ihren Eltern, fühlt sich Christine Tecklenburg sehr unterstützt. Sie hätten ihr bei der Berufswahl freie Bahn gelassen, auch wenn sie in der Lehre zur Raumausstatterin im ersten Jahr lediglich 250 Euro verdient habe. Ihre Eltern haben das Zugticket zur Berufsschule übernommen, und sie konnte kostenlos bei ihnen wohnen. „Sie haben Wert darauf gelegt, dass man das macht, was einem Spaß macht und wobei man glücklich bleibt: Weil, stressig wird das Leben von alleine. Da muss man nicht im Beruf schon den Druck und innere Unzufriedenheit haben. Das hat mir Sicherheit gegeben und geholfen, meine Prioritäten zu ordnen." Hin und wieder holt sie sich von den Eltern auch einen Rat. Aber: Das meiste mache sie mit sich selbst aus. „Ich versuche immer, Probleme von meiner Familie fernzuhalten. Wenn man jemandem ein Problem erzählt, und derjenige kann einem nicht helfen, ist das negativ." Sie wisse es ja auch ohne solche Gespräche, dass ihre Familie hinter ihr steht.

Auch während ihrer Weiterbildung zur Kaufmännischen Fachwirtin und zur Betriebswirtin an der Handwerkskammer Hannover habe sie gelernt, Dinge mit Abstand zu betrachten, um bei beruflichen Schwierigkeiten zu einer Lösung oder zu einer Klärung zu kommen. „Es hilft, sich zu fragen: ‚Wie würden andere die Situation moderieren?' Herauszutreten aus dem Problem und sich zu fragen, wie es dazu gekommen ist und wie groß es wirklich ist." Sie versuche, offen an das Leben heranzugehen und sich im Vorfeld nicht allzu viele Sorgen zu machen: „Wenn das Problem kommt, dann kommts und dann ist man nicht von seinen Sorgen gelähmt und hat Kraft zum Handeln."

Ihr Verlobter Jean-Pierre Hashagen stehe auch an ihrer Seite. „Er unterstützt mich ausnahmslos", sagt sie. Nur selten komme mal ein

„Privat braucht man eine Oase zum auftanken, falls es auf der Arbeit mal stürmisch wird."

Kommentar, wenn sie an einem ursprünglich freien Nachmittag doch mal zu einem Kundengespräch losmuss. Aber er lege ihr keine Steine in den Weg. „Privat braucht man eine Oase zum auftanken, falls es auf der Arbeit mal stürmisch wird. Ich war mal verheiratet, da war das anders." Die Hochzeit war im Jahr ihres Starts in die Selbstständigkeit. „Das hat aber nicht wirklich gehalten. Ich hab' mich wieder scheiden lassen. Da war es gut, dass ich mich in

Von ihrem Verlobten fühlt
sich Christine Tecklenburg sehr unterstützt.
Jean-Pierre Hashagen gehört zu
ihrer privaten Oase, in der sie auftankt.

die Arbeit stürzen und meine Energie wieder für mich nutzen konnte." Zudem sei sie finanziell unabhängig gewesen. „An diesen Situationen und Folgen meiner Entscheidungen bin ich auch gewachsen. Und ich finde es gut, dass man das Vertrauen an die Menschen nicht verliert und sich mit Menschen umgibt, die einen positiven Einfluss auf einen haben und nicht auf Dauer Energie rauben." Die Entscheidung zu heiraten sei nicht falsch gewesen. „Menschen und Ziele ändern sich und mit Verantwortung muss man umgehen können. Man hätte sich auch emotional komplett zurückziehen können, aber ich habe mir wieder eine private Oase geschaffen. Deswegen ist mein Verlobter da ganz wichtig, ich bin gerne ein Familienmensch."

Grundsätzlich versuche sie, positiv an das Leben heranzugehen. „Ich gucke viel, was kommt, was ich beeinflussen kann und was sich auf mich persönlich positiv auswirkt. Ich backe erstmal kleine Brötchen und werde nicht zu strebsam oder sprunghaft, dann schaue ich weiter." Große Ziele setze sie sich nicht, sie hake auch keine Etappenziele ab. „Wichtig ist, Verantwortung und Sorgen ins richtige Lot zu bringen." Und sie wolle Zeit für Freunde und Familie haben. Das sei zu Beginn ihrer Selbstständigkeit eine Zeitlang anders gewesen. Diese Zeit hat für sie bedeutet, „dass ich mich viel damit beschäftige und viel Kraft reinbuttere, die man nicht unmittelbar sieht, aber langfristig zum Nutzen ist. Dann gibt es Leute, die das nicht verstehen. Aber ich zahle halt lieber mein Darlehen ab, als für mich selbst etwas auszugeben. Das hat für mich auch was mit Eigenverantwortung zu tun."

Beim Stichwort Geld habe sie auch dazulernen müssen. Bei den Übernahmegesprächen sei immer nur oberflächlich über Summen gesprochen worden. „Später hieß es nur, es werden ein paar Hundert Euro für die Maschinen und so. Aber im Endeffekt waren es einige tausend Euro, die im Gründungsdarlehen nicht berücksichtigt waren. Da musste man dann auch sagen: ‚OK, man wurde verarscht.'" Sie habe dann hinsichtlich Warenbestand und Gegenwert gegengerechnet, bis sie die Summe für sich vertreten und Frieden schließen konnte.

Auch wegen solcher Erfahrungen sagt sie: „Man darf sich von anderen Sachen nicht unterkriegen lassen oder einen zu einfachen Weg wählen." In ihrer Ausbildung beispielsweise sei zunächst alles gut gelaufen – sie hat viel gelernt, da es nur den Meister und sie gab, wurde sie für alle Aufgaben eingesetzt. Aber im zweiten Jahr habe sich die Atmosphäre geändert. „Dadurch hat die Ausbildung nicht mehr den Spaß gemacht. Aber ich mochte ja die

Arbeit und die Tätigkeit an sich, außerdem habe ich fachlich eine sehr gute Ausbildung gehabt." Ihre Eltern hätten ihr geraten, auf sich zu gucken und die Ausbildung dennoch in der Firma zu beenden. Das habe ihr Halt gegeben.

Letztlich hat sie ihre Ausbildung als Kammersiegerin abgeschlossen und war anschließend noch ein Jahr in dem Unternehmen tätig. „Zu gehen wäre der einfache Weg gewesen. Aber ich bin drangeblieben." Eine Einstellung, die sie auch anderen Frauen mitgeben würde: „Den eigenen Nutzen zu sehen und sich nicht von anderen das Leben diktieren zu lassen."

> „Man weiß, dass man eine Hürde geschafft hat, wächst daran und kriegt Selbstbewusstsein."

Das Leben würde nun mal Stolpersteine bieten. „Aber wenn man auf die Steine draufsteigt, dann steht man höher, man hat einen besseren Überblick und eine bessere Aussicht (lacht). Man hat was gelernt und hat die Möglichkeit bekommen, an Prüfungen zu wachsen und als Sieger hervorzugehen. Man weiß, dass man eine Hürde geschafft hat, wächst daran und kriegt Selbstbewusstsein."

Will sie denn die Segelmacherei bis zu ihrem Ruhestand weiterführen? Das könne sie nicht sagen. „Man kennt ja sein Leben nicht, man kennt die Windungen nicht, man weiß nicht, ob man gesund bleibt." Auch Kinder seien derzeit nicht in Planung. „Aber man weiß ja nie." Und dann sagt Christine Tecklenburg noch einen Satz zu ihrer Lebenseinstellung: „Wenn man sich verbohrt auf ein Ziel richtet, verpasst man vielleicht gute Gelegenheiten." Sie finde es wichtig, immer wieder zu hinterfragen, was zu ihr passe. So hat sie das auch gemacht, als sie die Möglichkeit hatte, die Segelmacherei zu übernehmen. Das sei kein lang ersehnter Traum gewesen. Aber sie habe sich das offen gehalten. Die notwendigen Qualifikationen hat sie dafür bereits gehabt. Und dann sagt sie noch: „Stillstand ist Rückschritt."

Christine
Tecklenburg

Jahrgang 1990

Kontakt
Christine Tecklenburg
Interieur & Meer
An der Friedenseiche 12
31515 Wunstorf / Steinhude

Mobil +49 (0) 176 69048009
info@interieur-meer.de

interieurmeer.chayns.net

Berufliche Laufbahn

| Seit März 2014
Inhaberin „Interieur & Meer,
Segelmacherei – Polsterei"

| April 1013 – Februar 2014
Polsterin bei Nautica Ship
Interieur, Harpstedt

| Juli 2011 – März 2013
Raumausstatterin bei
Thomas Spork Raumausstattung,
Rinteln

| Oktober 2008 – Juli 2011
Ausbildung zur
Raumausstatterin bei
Thomas Spork Raumausstattung,
Rinteln

| 2007 – 2008
Kreishandelslehranstalt
Berufsfachschule Informatik
Rinteln

Besondere Qualifikationen

| Mai 2013 – November 2013
Betriebswirtin,
Handwerkskammer Hannover
(Als Teil 3 und 4 der
Meisterprüfung anerkannt)

| April 2012 – Mai 2013
Kaufmännische Fachwirtin,
Handwerkskammer Hannover,
berufsbegleitende Weiterbildung

| Juni 2012
Ausbildungseignungsschein

Anna Dollinger hat das Referat Handwerkspolitik beim Deutschen Gewerkschaftsbund (DGB) geleitet und sich anschließend als Projektmanagerin selbstständig gemacht.

Komplexen Abläufen Struktur geben

Die Zimmermeisterin findet das Ineinandergreifen verschiedener Arbeitsbereiche und Strukturen spannend, dabei treibt sie die Lust an, etwas auszuprobieren und zu bewegen.

Anna Dollinger

A nna Dollinger tankt in ihrer Freizeit auf im Café Rix, das in einem Hinterhof an der Karl-Marx-Straße in Berlin-Neukölln liegt. Abseits des lebhaften Verkehrs empfängt es seine Gäste in einem goldenen, großzügigen Saal. Es ist mäßig besucht, an diesem regnerischen Nachmittag mögen nur wenige Menschen vor die Tür gehen. Anna Dollinger kommt überpünktlich und bringt ein Geschenk mit: Ein Buch der Hans-Böckler-Stiftung mit 100 Porträts von Frauen (siehe Literaturliste). Anlass: 100 Jahre Wahlrecht in Deutschland. Es entspinnt sich ein kurzes Gespräch über den Sinn oder Unsinn, solche Jahrestage zu feiern. Dann geht es los. Konzentriert und das Gesagte immer wieder reflektierend, beantwortet Anna Dollinger die Fragen.

Wie funktioniert eigentlich eine Baustelle? Wie müssen die Abläufe geplant werden, damit die Prozesse möglichst störungsfrei begonnen und abgeschlossen werden können? Wie fügen sich die Gewerke ineinander? „Wie funktioniert dieses Konstrukt, dieses super Komplexe? Es wird ein Raum definiert, aber wie werden die Dinge fertig?", formuliert Anna Dollinger die Fragen, mit denen sie sich nach der Schule beruflich befassen wollte. „Ich habe kurz vor dem Abitur gesagt, ich möchte was mit Bauen zu tun haben und bin Bauzeichnerin geworden. Wenn ich ein Mann gewesen wäre, wäre eine Lehre als Zimmerer wahrscheinlich gewesen. Ich saß dann aber im Büro, wo ich gar nicht hinwollte. Ich wollte auf den Bau und musste also gegensteuern", erinnert sie sich. Sie entschied sich, ein Architektur-Studium zu beginnen, das sie jedoch nach dem Vordiplom unterbrach. Sie fand, „dass das, was da erzählt wird, mit der Praxis auf der Baustelle nichts zu tun hat." Ihr Wunsch war es deshalb, sich zur Zimmerin ausbilden zu lassen. Heute sagt sie: „Die Zimmerei ist meine große berufliche Liebe." Wichtig war ihr, die Ausbildung in Berlin zu machen, wo sie wegen des Studiums nach ihrer Kindheit in Bayern bereits hingezogen war.

Und noch etwas war klar: „Ich habe mir bewusst eine Zimmerei ausgesucht, die Frauen ausbildet." Sie erkundigte sich bei einer Zimmerin, wo sie einen solchen Betrieb findet und weiß: „Dadurch habe ich mir ganz viel Lauferei und negative Erfahrungen erspart." Sie habe dort eine Ausbildung gemacht, wo dieser Beruf bei Frauen nicht infrage gestellt wird und hat auch einen Tipp dazu: „Betriebe suchen, in denen schon einmal eine Frau gearbeitet hat – nicht nur im Büro. Betriebe, die einen unterstützen und fördern, sind ungemein wichtig. Vor allem erleichtern sie das Vorankommen."

„Betriebe, die einen unterstützen und fördern, sind ungemein wichtig."

Während ihrer Ausbildung hat sie ein berufliches Vorbild gefunden. „Meine Altgesellin in der Zimmerei, die mich ausgebildet hat, war toll. Die ist schnell, akkurat und die lässt sich einfach nicht die Butter vom Brot nehmen." Bei blöden Sprüchen habe ihre Ausbilderin ihr Gegenüber schnell in die Schranken verwiesen mit einem kurzen Hinweis auf ihre langjährige Berufserfahrung. Als sie selbst über so viel Berufserfahrung verfügte, habe sie gedacht: „Fühlt sich super an", erinnert sich Anna Dollinger und schmunzelt. In ihrer Familie gab es keine Vorbilder hinsichtlich ihrer Berufswahl, aber die Rollenverteilung unter ihren Eltern war nicht die klassische: Ihre Mutter ist Lehrerin und sorgte für die finanzielle Sicherheit als Anna Dollinger und ihr Bruder zuhause wohnten. Ihr Vater ist Keramikermeister. „Dadurch gab es für mich das Bewusstsein, dass die Dinge nicht so sein müssen, wie alle sagen", erklärt die 43-Jährige.

UMFELD/
FAMILIE

Und trotzdem: Aus ihrer Familie kam auch Unverständnis für ihre Entscheidung zum Wechsel des Berufs. Zum Teil seien auch Sprüche gemacht worden, dass man ihr die Arbeit als Zimmerin nicht zutraue. Anna Dollinger kommentiert das mit Achselzucken und sagt: „Abgesehen von der räumlichen Distanz geht es auch niemanden was an, welche Entscheidungen ich wie treffe." Zumal sie auch nicht mehr 18 gewesen sei, als sie sich neu orientiert hat. „Ich hatte mich bewusst entschieden, weil ich nichts machen wollte, was nicht meins war. Das gilt auch fürs Studium", erinnert sie sich. Als sie sich für den Beruf der Zimmerin entschieden habe, sei ihr bewusst gewesen, dass es Gegenwind geben würde. „Mir war aber auch klar, dass ich niemanden bekehren will, der sagt: ‚Nee, Frauen haben wir noch nie ausgebildet.' Ich war mir sicher, dass es Betriebe gibt, die nett sind und bei denen das funktioniert", betont sie mit Blick darauf, dass manche die Fähigkeiten von Frauen in solchen Berufen anzweifeln und deshalb dumme oder frauenfeindliche Sprüche machen.

MÄNNER UND
FRAUEN

Da sie bei der Arbeit oft ein Basecap getragen hat, hätten manche Männer auf dem Bau zuerst nicht gesehen, dass sie eine Frau ist. Als sie es registrier-

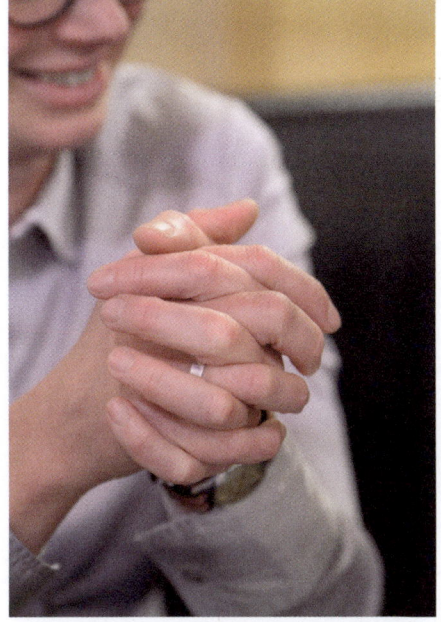

ten, hätte sich ihr Verhalten geändert: „Dann wollten sie mir den Balken hochtragen oder so. Das hat mich geärgert, weil ich das Gefühl hatte, dass sie mir die Arbeit nicht zutrauen." Mit einem Spruch degradierte sie solche Kollegen zu persönlichen Assistenten: „Deshalb habe ich dem Kollegen gesagt: ‚Okay, der Balken gehört in den fünften Stock. Ich komme dann nach.'" Solche und andere Sprüche habe sie im Verlauf ihrer Arbeit auswendig gelernt und sich überlegt, in welcher Situation sie welchen Spruch bringen könne. In der Ausbildung hat sie sich mit den anderen drei Kolleginnen – bei insgesamt 20 Beschäftigten in der Zimmerei – auch über solche Dinge ausgetauscht, und in ihrer Freizeit an Workshops teilgenommen: „In Rollenspielen beispielsweise haben wir Fragen herausgearbeitet wie: Wie kann man in doofen Situationen gut reagieren? Was kann man aus einer Situation herausholen? Das war total hilfreich", sagt sie, und: „Mit so einer Sammlung kommst du prima durch die Baustelle. Man kann das ganz pragmatisch sehen, nach dem Motto: ‚Du kannst Sprüche machen, so viele du willst, aber sie haben nichts mit mir zu tun'", ergänzt Anna Dollinger. Sie sagt das auch angesichts der Überlegung, dass Frauen sich und ihre Fähigkeiten oft selbst sehr kritisch sehen: „Das waren so kleine Bausteine bis zum ‚Ich kann das! Ich stelle mich jetzt nicht infrage.'"

Von Männern sehr oft – und sehr selten von Frauen – wurde sie in ihren vier Jahren Wanderschaft auf ihre Sicherheit angesprochen. „Mir wurde oft gesagt, dass die Wanderschaft doch total gefährlich sei. Aber: Ich bin noch nie so wenig angemacht worden, wie in der Zeit, als ich die Kluft anhatte. Das ist wie eine Ritterrüstung", erzählt Anna Dollinger über den Lebensabschnitt, als sie nicht nur in Deutschland auf diversen Baustellen gearbeitet hat, sondern auch in weiteren europäischen Ländern, bevor sie ihren Meister als Zimmerin gemacht hat. Auch von dieser Zeit hat sie Tipps mitgenommen, die sie gern an andere Frauen weitergibt: „Ich würde aber heute nicht mehr als erste Frau in einen Betrieb gehen, wie ich es auf der Wanderschaft gemacht

> „Du kannst Sprüche machen, so viele du willst, aber sie haben nichts mit mir zu tun."

habe. Dann bist du die Exotin. Sind es mehrere Frauen, bist du eine unter vielen. Da fällt es nicht so auf, wie du bist und das Geschlecht spielt einfach keine Rolle."

Jüngeren Frauen, die eine handwerkliche Ausbildung machen möchten, rät sie: „Sich zusammen zu tun. Die Ausbildung zu zweit zu machen, weil man sich dann gegenseitig unterstützen kann und nicht allein im Betrieb und in der Berufsschule ist." Zu Beginn ihrer Tätigkeit beim DGB bekam sie von einer Frau einen wichtigen Tipp: „Bau dir ein Netzwerk aus Frauen auf. Das wird erstmal nicht auffallen. Und wenn du dann eingearbeitet bist, hast du das Netzwerk, ohne dass es vorher aufgefallen ist und umgehst Machtstrukturen." Das Netzwerk habe sie während des Aufbaus zunächst nicht nutzen können: „Es dauert halt, man muss zäh sein, bei diesen täglichen Rückschritten einfach weitermachen. Ganz langsam, Stein für Stein. Und denken: ‚Ah, das war ein wertvoller Tipp, das merke ich mir.' Oder: ‚Ah, ich kann dir helfen. Darf ich dich das nächste Mal anrufen, wenn ich an einer Stelle nicht weiterkomme?'", erzählt sie, um anderen Frauen bewusst Wege aufzuzeigen.

NETZWERKE

Für ihre Zeit beim DGB hat sie sich einen Mentor aus dem gewerkschaftlichen Kontext gesucht: „Ganz bewusst einen alten Hasen", sagt sie und fügt hinzu, dass sie sich wünsche, früher eine solche Person gehabt zu haben. „Ich würde allen Unternehmen und Institutionen empfehlen, so etwas zu institutionalisieren." Zugleich rät sie, an Fortbildungen teilzunehmen. Nicht nur inhaltliche, sondern auch Seminare zur Arbeitsorganisation und zur Berufsorientierung. Für sie selbst war die Teilnahme an so einem Workshop kostbar, als sie aufgrund eines Arbeitsunfalls gezwungen war, ihre Einsätze auf Baustellen aufzugeben. In dieser Zeit hat sie herausgefunden, dass sie im Büro arbeiten möchte. Klar geworden ist ihr das in einem „Live-Work-Planning"-Seminar. Das ist ein Verfahren, das Menschen dabei unterstützt, die passende Arbeit zu finden. Dabei steht der Suchende im Fokus und nicht der Arbeitsmarkt oder Beschäftigungsprognosen.

LEBENSLANGES LERNEN

MENTOR

Bei der Strukturierung der täglichen Arbeit hilft ihr inzwischen die Methode „Getting things done" von David Allen: „Das ist eine gefährliche Sache, weil man produktiv wird", sagt sie ironisch. Auch die Zusammenarbeit mit ihren Kolleginnen und Kollegen orientiere sie an dieser Art zu arbeiten, die dabei hilft, jedes Projekt, egal wie groß, in einzelne Schritte zu gliedern, um es überschaubar zu machen und zu wissen, was als nächstes zu tun ist. Anna Dollinger überlegt kurz, dann sagt sie: „So komisch die ganzen Ratgeber sind: Wenn sie richtig gut sind, kann man daraus vieles lernen. Und was ei-

STRATEGIE

nem nicht passt, kann man einfach links liegen lassen." Sie habe auch Knigge-Ratgeber gelesen, die ihr jetzt Sicherheit geben: „Falls es nötig ist, kann ich mich in ungewohnter Umgebung sicher bewegen."

ANSPRUCH AN
FÜHRUNG

Inzwischen bildet sie sich in Führungskompetenz fort. Als sie auf dem Bau tätig war, habe sie das nicht gemacht, sondern sich bei Vorbildern Verhaltensweisen abgeguckt. Ihr eigener Führungsstil ähnelt dem eines Trainers, der vor dem Spiel die Taktik mit seinem Team abspricht. Jeden Morgen gibt es in ihrem Team eine Besprechung, um zu klären, was ansteht, welcher Schritt eventuell vorgezogen werden muss. Das könne wie Kontrolle wirken, merkt Anna Dollinger an, aber darum gehe es ihr nicht. Ihr geht es um den reibungslosen Ablauf: „Wir gucken gemeinsam, ob wir etwas anders machen müssen, im Sinne von, ob wir in der richtigen Richtung sind." In dem Rahmen seien die Kolleginnen und Kollegen dann frei: „Ich versuche, Informationen zugänglich zu machen und klar zu machen, bis wann etwas fertig sein muss und für was es gut ist. Ich versuche, die Sache so zu übergeben, dass die Person entscheiden kann, wann sie die Aufgabe in ihren Arbeitsalltag einfügt." Ihr ist durchaus bewusst, dass sie damit auch überfordern könne.

„Das ist kein Job, bei dem man morgens 100-prozentig weiß, was am Tag zu tun ist", erzählt Anna Dollinger, die zum Zeitpunkt des Interviews Referatsleiterin Handwerkspolitik beim DGB ist. Mit diesem Thema hat sie den Gewerkschaftsbund nach außen vertreten – indem sie beispielsweise als Sachverständige im Bundestag Stellung zu handwerkspolitischen Themen bezogen hat – und nach innen koordiniert. Sie hat Stellungnahmen zu handwerkspolitischen Fragen erarbeitet, Unterlagen für die Arbeitnehmerseite bei Vollversammlungen der Handwerkskammern vorbereitet, Schulungen für die hauptamtlichen Kolleginnen und Kollegen angeboten, die in den Regionen die Handwerkskammern betreuen. Diese hat sie unterstützt bei ihren Überlegungen, wie sie sich politisch positionieren, und war dabei, wenn sich Politikerinnen und Politiker mit Vertreterinnen und Vertretern aus Gewerkschaften, Handwerkskammern, Innungen und Innungsverbänden getroffen haben. Das ist Arbeit mit vielen Menschen. Anna Dollinger bestätigt das: „Mit sehr unterschiedlichen Menschen. Meistens mit älteren Männern", umschreibt sie ihre Gegenüber.

UMGANG MIT
HINDERNISSEN

Mit vielen Menschen, vornehmlich Männern, hatte sie auch bei ihrer Arbeit auf dem Bau zu tun, den sie abrupt aufgeben musste: „Als ich meinen Arbeitsunfall hatte, hatte ich das Gefühl, im vollen Lauf gegen eine Wand zu rennen", erinnert sie sich. Dadurch war sie gezwungen, sich früher beruflich

In ihrer seltenen Freizeit tankt Anna Dollinger auf im Café Rix, das in einem Hinterhof in Berlin-Neukölln liegt. Es bietet Gästen nicht nur Gastronomie, sondern auch Kunst-Ausstellungen.

umzuorientieren als gedacht: „Der Beruf als Zimmerin hat einen wahnsinnigen Nachteil. Er geht sehr auf die Knochen und irgendwann kann man ihn nicht mehr machen." Wäre der Unfall nicht gewesen, hätte sie die Zimmerei noch zehn Jahre fortgeführt. Nach dem Live-Work-Planning-Seminar hat sie auf ihre Ausbildung, die Wanderschaft, die Zeit im Ausland, ihren Meisterbrief geblickt, die Erfahrungen positiv resümiert und gedacht: „Jetzt ist der Kopf wieder dran und ich will noch anderes lernen. Deshalb macht es mir jetzt auch Spaß, im Büro zu sein."

Auch beim DGB gehörten die Koordination von Abläufen und das Verständnis von Strukturen zu ihren Aufgaben – das gilt auch für ihre anschließende Arbeit im Projektmanagement. „Nur koordiniere ich keine Baustellen, sondern Termine, Inhalte und Personen", sagt sie. Eine wichtige Aufgabe ist die Kommunikation. „Ich kenne die Strukturen im Handwerk und die Sprache scheint oft sehr ruppig und direkt. In meinem jetzigen Kontext drückt man sich anders aus. Deswegen ist es auch mein Job zu dolmetschen." Das sei auch eine Kunst: „Es gibt wenig Leute, die das auch können", meint Anna Dollinger. Sie müsse bei Anrufen sofort umschalten und sich auf die jeweilige Person einstellen.

ANSPRUCH AN
FÜHRUNG

Beim DGB, speziell in der Handwerkspolitik, habe sie auch nach ihrer Tätigkeit auf Baustellen noch viel mit Menschen zu tun gehabt, die eine „etwas ruppige, derbe, sehr direkte Art" haben, sagt Anna Dollinger: „Wenn was ist, kriegst du das direkt auf den Tisch." So sei das auch mit Sprüchen von Männern gegenüber Frauen: „Das schöne ist, Sexismus auf der Baustelle ist offen. Du weißt sofort, woran du bist. Im universitären Kontext und in meinem jetzigen Arbeitskontext ist er verdeckter. Er ist aber nicht weniger da und er ist nicht weniger verletzend, anstrengend, behindernd. Im Gegenteil, das ist viel anstrengender. Wenn man's ganz platt formulieren will, dann wird gesagt, dass Frauenförderung super sei – aber die Realität sieht ganz anders aus."

NETZWERK

Auf dem Bau habe ihr bei solchen Dingen der Austausch mit anderen Frauen geholfen. Während ihrer Zeit auf Wanderschaft habe es Workshops dazu gegeben: „Einmal im Jahr findet das Treffen der Frauen im Bauhauptgewerbe statt. Das war am Anfang meiner Tätigkeit als Zimmerin ein wichtiges Austauschforum: von den Erfahrungen der anderen zu lernen." Sich selbst bezeichnet sie als „zum Teil" selbstbewusste Jugendliche. „Ich habe zum Teil Sachen nicht mitgemacht, weil ich nicht so cool war wie die anderen. Sondern ich habe immer so ein bisschen meinen Teil gemacht." Schon als Jugendliche habe sie angefangen, Möbel zu bauen.

Zu ihrer Tätigkeit beim DGB ist sie durch eine Kollegin aus der IG-Metall gekommen. Aber sie brauchte ihre Zeit, sich dafür zu entscheiden. Beim ersten Mal habe sie das Angebot abgelehnt, weil ihr die Aufgabe zu weit weg erschien. Weil sie sich zuvor nicht politisch engagiert hat? Sie habe sich zwar nicht gewerkschaftlich engagiert, wohl aber politisch, antwortet Anna Dollinger und sagt: „Hm, für mich war immer die Frage, wie ich Handwerk mit Politik verbinde. Ich habe mich bei Heiligendamm 2007 engagiert." Im Vorfeld war aus einem kleinen Dialog mit einem anderen Wandergesellen ein „großartiges Projekt" entstanden, wie die Zimmermeisterin es nennt: Bei einem Bier sprach sie mit ihm über die Frage, wie Wandergesellen und -gesellinnen wieder politisch werden können. Bei dem Gipfeltreffen der Staats- und Regierungschefs der Gruppe der Acht sollte es ein Camp für diejenigen geben, die gegen die Veranstaltung demonstrieren wollten. Gemeinsam mit Wandergesellen und -gesellinnen anderer Schächte (das sind Gesellenvereinigungen) hat Anna Dollinger dieses Camp gebaut. „Wir haben uns Leute gesucht, mit denen wir das zusammen umsetzen konnten. Wir haben uns als Orga-Gruppe verstanden, die im Hintergrund arbeitet, haben ein Jahr lang Baumaterial besorgt, die anderen Wandergesellen und -gesellinnen agitiert, so glaube ich, sagt man dazu. Es waren am Ende 65 Wandergesellen, die ein Camp für 5000 Leute aufgebaut haben." Auf dem Gelände sei zunächst nur Gestrüpp gewesen. Nach der Rodung haben sie einen Spielplatz gebaut, einen Aussichtsturm, einen Empfangsraum und die Kommunikation mit der Bevölkerung drumherum aufrechterhalten.

„Bei diesem Campaufbau habe ich gelernt strategisch zu planen. Insofern habe ich in einem ehrenamtlichen politischen Umfeld geübt, um später Prozesse besser verstehen zu können." Das war doch auch Netzwerken? „Ja, das war insofern auch Netzwerk-Arbeit, weil wir verschiedene Schächte zueinander geführt haben." Es gebe Schächte, die „sich zum Teil auch nicht ganz grün sind. Fünf davon nehmen gar keine Frauen auf, nur drei nehmen Frauen auf. Zwei Schächte waren fast komplett da, aber die anderen sollten auch nicht gegen unser Engagement des Campaufbaus agieren. Wir wussten, dass es Gegenwind von Schächten geben könnte, haben daher bewusst alles so organisiert, dass der Aufbau nicht weiter auffällt und wir einfach unterhalb des Radars agieren konnten."

Sie hat Dinge in die Hand genommen, geplant, umgesetzt. Und wie schätzt sie das ein, hat sie Macht? „In einem gewissen Rahmen, ja", sagt Anna Dollinger und bezieht diese Macht darauf, Leute führen zu können. „Dabei muss ich mir die Frage stellen: Ich kann sie ausnutzen, oder aber ich befähige die Leute selber zu agieren." Allerdings muss sie dabei auch überlegen, ob das in die Strukturen passt, in denen sie arbeitet: „In dem Moment, in dem ich in eingefahrenen Kontexten sage: ‚Ich will euch befähigen zu agieren', rüttele ich sehr an hierarchischen Strukturen. Das ist nicht einfach. Da kommt Gegenwind." Zudem macht sie sich Gedanken darüber, was Macht eigentlich ist.

> „Ich will euch befähigen, zu agieren."

Dabei seien viele Fragen relevant: „Wer wird wo eingeladen, wer kriegt wann welche Information? Das ist ein typisches Männerspiel: Macht und Informationen einzusaugen und nicht weiterzugeben. Und zu gucken, dass die andere Person, die gar nicht oder zu spät informiert wurde, doof dasteht." Wenn sie dann will, dass alle die entsprechenden Informationen erhalten, um ein Projekt zu realisieren, sei das eine ganz andere Herangehensweise. „Das ist ein Führungsstil, den ich eher zukunftsfähig sehe als eine hierarchische Struktur. Das stellt natürlich viel infrage, egal in welchem Kontext. Habe ich denn die Macht, das infrage zu stellen? Und in welchem Rahmen kann ich das infrage stellen?", erläutert Anna Dollinger ihr Denken – und ihre Strategie. „Ja, ich muss gucken, von was ich die Finger lassen muss, weil ich da weiß, es wird mir Wind entgegenkommen und es wird mir an der Stelle deshalb nichts bringen." Was besser ankommt, lehren sie die Reaktionen, die sie bekommt, wenn sie Seminare gibt: „Die Jüngeren finden dieses Einbeziehen und Miteinander super. Die Älteren werden aus ihrer Komfortzone geschubst. Also: Habe ich die Macht, sie aus ihrer Komfortzone zu schubsen oder nicht?", erzählt sie und lässt die Frage am Ende offen.

Immer wieder kommt das Gespräch auf Anna Dollingers Herzensberuf zurück. Vermisst sie es denn, auf dem Bau zu arbeiten? Sie überlegt kurz. „Ach, irgendwie schon." Das gelte natürlich nicht für kaltgefrorene Hände im Winter oder Dauerregen, der oben in den Kragen hereinläuft und an den Schuhen wieder heraus. „Aber an einem schönen Herbsttag auf dem Dach zu stehen – super! Es ist natürlich ein körperlicher Job, das ist Bewegung, das vermisse ich. Im Büro ist halt wenig Bewegung. Habe ich Zeit für Sport? Wenig." Wo aber ihr berufliches Herz liegt, das ist unschwer zu erkennen: „Das ist das Schöne am Handwerk. Ich bin und bleibe Zimmermeisterin. Wenn mich jemand nach meinem Beruf fragt, dann ist es Zimmermeisterin. Will er meine Tätigkeit wissen, dann ist es etwas anderes."

Anna Dollinger

Jahrgang 1976

Kontakt
Anna Dollinger
Telefon +49 (0) 176 43044255

info@annadollinger.berlin
annadollinger.berlin

Nach dem Abitur machte Anna Dollinger erst einmal eine Lehre zur Bauzeichnerin und begann ein Studium der Architektur, das sie später berufsbegleitend mit dem Bachelor beendete.

Sie absolvierte eine Ausbildung zur Zimmerin und war als Gesellin von 2004 bis 2008 auf Wanderschaft in Deutschland und im europäischem Ausland. Anschließend machte sie ihren Meister. Sie bildete sich zur Energieberaterin (HWK) und Betriebswirtin weiter, arbeitete. als Dozentin bei verschiedenen Handwerkskammern und machte ihren Master of Engineering in Energie- und Ressourceneffizienz, – und war zeitgleich selbstständige Zimmermeisterin.

Ab August 2016 war Anna Dollinger dreieinhalb Jahre lang Referatsleiterin der Handwerks-politik des Deutschen Gewerk-schaftsbunds, bevor sie ins Projektmanagement wechselte.

Seither ist sie selbstständig.

Hiltrud Werner ist Mitglied im Vorstand von VW.
Dort ist sie zuständig für Integrität und Recht.
Die Aufgabe hat sie nach dem Dieselskandal übernommen.

Gesellschaft bewegen und gestalten

Es reizen sie Tätigkeiten, die sie in gesellschaftlicher
und persönlicher Hinsicht sinnstiftend findet.

Hiltrud Werner

Es knackt ein wenig in der Leitung. Hiltrud Werner ist viel unterwegs. Ein persönliches Treffen war im Zeitrahmen nicht möglich. Aber das Thema ist ihr wichtig. Hiltrud Werner engagiert sich für Diversität und Gleichberechtigung, sie fordert Lohngleichheit ein und macht sich stark für mehr Frauen in der Vorstandsebene. Ohne großes Vorgeplänkel tauchen wir ein in ihren beruflichen Werdegang und das, was sie dabei antreibt.

Sie selbst bezeichnet sich als „Car-Girl". Das sei sie schon seit ihrer Kindheit. Dass sie aber einmal in der Automobilbranche arbeiten würde, dass ausgerechnet juristische Fragen zu ihren Schwerpunkten gehören würden? Daran war nicht zu denken, als sie in der Pubertät überlegte, welchen Weg sie beruflich einschlagen möchte. Aufgewachsen in Thüringen als Kind von Eltern im kirchlichen Dienst – ihr Vater war Diakon in einem evangelischen Pflegeheim, ihre Mutter war dort Sekretärin – wollte ihr der DDR-Staat das Abitur verwehren. Weder eine Oberschule, noch ein Gymnasium durfte sie besuchen. Den Abschluss machte sie trotzdem: „Ich habe Facharbeiterin für Textiltechnik gelernt, weil man diese Berufsausbildung gleichzeitig mit dem Abitur machen konnte", erzählt sie. Es sei nur eine Ausbildung infrage gekommen, bei der die Berufsschule ein Internat hatte. Die Thüringer Obertrikotagen Apolda hatte einen Ausbildungsvertrag mit der Berufsschule Mülana Mühlhausen, wo es ein Internat gab. Dort ist sie mit 16 Jahren hingegangen. Und sie hat Abitur gemacht.

Dass sie ebenfalls eine Karriere in der Kirche anstrebt, war von ihren Eltern nicht erwartet worden. „Jedes von uns Kindern hat da einen ganz eigenen Weg und seine persönliche Berufung gefunden", sagt Hiltrud Werner über sich und ihre beiden Brüder. Ihre Mutter habe immer gearbeitet, das habe sie sicher geprägt, sagte sie in Interviews. Hiltrud Werner hatte zunächst vorgehabt, Textiltechnik zu studieren, um später Berufsschullehrerin zu werden. Das habe nicht nur an der Ausbildung, sondern auch an ihren Freunden gelegen, die ihr signalisierten, dass sie toll erklären könne und deshalb Lehrerin werden sollte. Dann aber studierte sie „Mathematische Methoden und Datenverarbeitung in der Wirtschaft" in Halle. Ein Fach, das man heute „Wirtschaftsinformatik" nennt. Sie habe gedacht, dass sie als Ökonomin im technischen Bereich ein ‚Best-of' ihrer Stärken nutzen könne, erinnert sie sich. Kurz vor dem Abitur hatte sie ihre Freude an der Technik gefunden. Das Studium habe ihr Spaß gemacht.

Andere Fächer wie Germanistik, Medizin oder Jura habe sie wegen der vorherigen Berufsausbildung damals nicht studieren können. Dabei habe sie sich in der Pubertät sehr für Jura interessiert. Aber: „Interessanterweise bin ich jetzt Rechtsvorstand, ohne Jura studiert zu haben. Insofern hat es für mich sozusagen ein gutes Ende genommen", sagt die 53-Jährige. 2016 war sie zu Volkswagen gekommen und hatte dort zunächst die Leitung der Konzernrevision übernommen. Ein gutes Jahr später berief sie der Aufsichtsrat in den Vorstand.

Bei VW ist sie für die Einhaltung der gesetzlichen Bestimmungen und unternehmensinternen Richtlinien zuständig, außerdem für das Risiko-Management, den Datenschutz des Unternehmens, die Grundsätze der Unternehmensführung und das Integritätsmanagement. Eine Verantwortung, die sie für weltweit 671.200 Mitarbeiterinnen und Mitarbeiter (VW-Angaben für 2019) trägt. In welchem Zusammenhang steht da eigentlich die Frage, wie sie ihre Nägel gestaltet, ihr Haar frisiert und welche Kleidung sie trägt? Einige Presse-Berichte über Hiltrud Werner lenken genau darauf den Blick und ziehen aus dieser Perspektive Rückschlüsse auf ihren Ehrgeiz und ihren Führungsstil. Nicht erst bei der Vorstellung, dass ihre männlichen Kollegen einer solchen Bewertung unterzogen würden, eröffnet sich das Absurde daran. Und doch gibt es immer noch Menschen, denen solche Stereotype nicht auffallen.

Im Sommer 2015 war bekannt geworden, dass in den VW-Werken in den USA der Abgastest bei Dieselfahrzeugen manipuliert worden war. Natürlich habe das eine Rolle bei ihrer Entscheidung gespielt, zu VW zu wechseln, erzählt Hiltrud Werner: „Ich bin gern da, wo sich etwas bewegt, wo sich Unternehmen verändern, wo sie auch die Offenheit haben, sich verändern zu wollen. Und das ist halt häufig nach Krisen der Fall." Sie sei eher eine Gestalterin als eine Verwalterin. „Das ist Punkt eins: Dass ich wusste, eine solche Aufgabe in einem Konzern nach so einem schweren Skandal ist mir quasi auf den Leib geschnitten." Der zweite Grund für ihre Entscheidung sei ihr Faible für die

„Ich bin gern da, wo sich etwas bewegt, wo sich Unternehmen verändern."

Automobilindustrie. Sie habe dabei nicht nur das Unternehmen selbst im Blick, sondern die gesamte Branche: „Ich habe auch an die 800.000 Menschen in der Automobilindustrie gedacht, die davon leben, und dass es gut wäre, wenn dieser Industriezweig stark bleibt und sich wieder erholt." Sie wollte dazu beitragen, dass die Reputation deutscher Fahrzeuge wiederhergestellt wird. Es sei ihr „sowohl in persönlicher als auch in gesamtgesellschaftlicher Hinsicht" sinnstiftend vorgekommen, zu Volkswagen zu gehen. Dennoch musste sie in die neue Rolle hineinwachsen. Kurz nach der Übernahme des Vorstandspostens ist sie in einem Beitrag der „Zeit" so zitiert worden: „Da habe ich mir Schuhe angezogen, die ein paar Nummern zu groß für mich waren".

AUFBAU VON EXPERTISE

Hiltrud Werner ist nicht nur eine der wenigen Frauen in Vorständen deutscher Unternehmen, sie ist auch eine der wenigen mit ostdeutscher Herkunft. Die ist ihr wichtig: „Ich glaube schon, dass man sich starke Wurzeln und das Selbstvertrauen, das man zwischen 16 und 26 aufbaut, bewahren sollte. In dieser Zeit meint man ja auch, man könne die Welt verändern." Zudem habe sie eine sehr gute Ausbildung in der DDR genossen. Als sie kurz nach der Wende in München bei einer IT-Firma angefangen hat, habe sie festgestellt, „dass ich mich mit meiner Ausbildung in keinem einzigen Punkt vor meinen Kollege, die in München oder anderswo studiert hatten, verstecken musste." Sie denkt, dass sie die gute technische Ausbildung, die es in der DDR gegeben habe, nicht nur thematisieren dürfe, sondern auch müsse.

Als sie kurz nach der Wende nach München ging, sind ihr in dieser Hinsicht Vorurteile begegnet. Dazu gehörte beispielsweise, dass der sozialistische Staat seinen Bürgerinnen und Bürgern alle Probleme abgenommen habe, dass die DDR-Bürger faul gewesen seien und ihr Land zugrunde gerichtet hätten, dass sie sich nicht gut um ihr Eigentum gekümmert hätten. „Ohne dass man verstanden hat, was dafür die Ursachen waren. Wenn es kein Baumaterial gibt und keine Außenfarbe, dann können Sie halt auch nichts machen", resümiert sie und fügt an: „Dass wir gewohnt waren, aus jeder Situation das Beste zu machen, das ist zu der Zeit nicht so gesehen worden."

Zur Softlab GmbH in München war Hiltrud Werner 1991 gegangen, weil die Treuhand die Firma ihres Mannes geschlossen hatte. Das Paar entschied daraufhin, dass sich einer von beiden im Westen bewirbt. Auf München fiel die Wahl, weil dort einer von Hiltrud Werners Brüdern lebte. Sie wurde bei Softlab zunächst als Telefonberaterin angestellt. Eine Arbeit, von der sie sich unterfordert fühlte. Das Unternehmen erkannte das und beförderte sie zur

Projektmanagerin für Prozessoptimierung. Als einzige Frau im Unternehmen in Vollzeit mit Kind. Ihren Sohn hatte sie mit 22 Jahren während des Studiums bekommen. Früh, wie das in der DDR üblich war. Später bekam sie eine Tochter. Auch in dieser Hinsicht bekam sie Vorurteile zu spüren, zum Beispiel wie es sein könne, dass sie trotz Kind in Vollzeit angestellt sei.

Was haben diese Bemerkungen mit ihr gemacht? „Sie haben bei mir eher Mitleid ausgelöst mit Menschen, die so etwas sagen. Weil ich denke: ‚Mensch, du tust mir leid, dass du nicht toleranter sein kannst, als du es gerade zeigst‘", sagt Hiltrud Werner. Sie bemerke einen Unterschied zwischen den Kommentaren von Männern, die offenbar nicht wollen, dass ihre Frauen arbeiten gehen, „weil sie sich nicht vorstellen können, was dann ihr Beitrag zu dem gemeinsamen Erledigen der Hausarbeit sein könnte." Bei Frauen vermutet sie, dass sie nicht zufrieden seien mit ihrer bewussten Entscheidung, als Hausfrau zu leben oder kinderlos Karriere zu machen. „Ich denke, wenn jemand so über andere urteilt, dann hat es häufiger etwas damit zu tun, dass er oder sie die Erfahrungen des eigenen Lebens auf andere projiziert." Sie selbst wertschätze jeden Menschen, der sich für die eine oder die andere Rolle entscheide. „Ich finde, das muss jeder mit seinem Partner ausmachen." Von solchen Menschen wünsche sie sich mehr Toleranz für andere Lebensmodelle. Natürlich gebe es auch viele Menschen, die nicht bewusst wählen könnten, die beispielsweise aus biologischen Gründen keine Kinder bekommen könnten. „Ich glaube, dass Toleranz eigentlich der Schlüssel zu allem ist." Nämlich: „Zu akzeptieren, dass Menschen auf derselben Stelle im Job stehen können und vorher unterschiedliche Erfahrungen und Erwerbsbiografien hatten." Mit dieser Einstellung würde mehr Diversität in den verschiedensten Bereichen möglich.

> „Ich glaube, dass Toleranz eigentlich der Schlüssel zu allem ist."

Wie wichtig ihr dieses Thema ist, zeigen unter anderem viele ihrer Posts auf der online-Plattform LinkedIn. Hiltrud Werner ist Teil des Women Leaders Global Forum und engagiert sich auch in anderen Organisationen. Für ihr Engagement wurde sie beispielsweise im Jahr 2019 mit dem Mentor Award of the Year for Advancement of Women in Compliance ausgezeichnet. Hiltrud Werner befürwortet die Frauenquote und begründet das so: „Wenn wir wirklich was erreichen wollen, dann brauchen wir mehr Druck." Es sei allerdings schwer, Unterstützerinnen für diese Regelung unter jüngeren Frauen zu fin-

Hiltrud Werner entspannt sich gern
beim Besuch der Spiele der Wolfsburg Grizzlys.
Sie ist Aufsichtsrätin des Eishockey-Vereins.

den. Spricht sie aber mit Gleichaltrigen über das Thema, stelle sich heraus, dass die meisten ebenfalls mit Anfang 20 oder Mitte 30 gegen eine solche Regelung waren. Sie seien überzeugt gewesen, gute Leistung reiche aus, um voranzukommen. Im Lauf des Berufslebens aber sei ihnen klar geworden, dass es Ungerechtigkeiten gebe, die durch das Geschlecht bedingt sind: „Wenn sie Gehalts-Ungerechtigkeiten erlebt haben, bei Beförderungen übergangen worden sind. Dann sagen sie: ‚Mensch, ich kann ja noch so gut sein, aber das alleine hat doch nicht gezählt.‘" Deshalb sind viele von ihnen inzwischen für die Quote.

Sie habe viele Vorbilder, sagt sie lachend: „Es sind vor allen Dingen Frauen, bei denen ich gut sehen konnte, dass man nicht jeden Kampf kämpfen musste – wie man immer so schön sagt: ‚Pick your battles‘. Das hat mich häufig inspiriert." Zu ihren Vorbildern zählt sie nicht nur Angela Merkel, sondern auch Ginni Romety. Die ehemalige Chefin von IBM hat in den USA den sogenannten ‚Business-Roundtable‘ mitgestaltet, der ein Wertegerüst für

die amerikanischen Unternehmen entwickelt hat. „Vorbilder für mich sind einfach Menschen, die sich über ihre eigene Firma hinaus engagieren und sich überlegen, wie die Welt ein besserer Ort werden kann. Solche Frauen inspirieren mich."

Was würde sie Frauen sagen, die sie am Anfang ihres Berufslebens um einen Rat fürs Vorankommen bitten? Das Wichtigste sei: „Man kann nur richtig gut sein in etwas, was einem Spaß macht. Nur da kann man authentisch sein, nur da kann man auch mal die Extra-Meile gehen und den Job so gut machen, dass man auch dafür wertgeschätzt wird." Zudem würde sie raten, kein Job-Hopping zu betreiben, sondern auf jeder Position mindestes drei Jahre zu bleiben: „Denn: Im ersten Jahr lernt man ziemlich viel. Im zweiten Jahr ist man schon der routinierte Spezialist auf seinem Gebiet. Aber im dritten Jahr, wenn viele für sich selbst definieren, dass sie nichts mehr dazulernen können, da lernt man dadurch besonders gut, dass man andere anleiten und ihnen die Aufgabe erklären kann." Über die Weitergabe von Wissen wachse man sehr. Letztlich sei es aber auch wichtig, für sich selbst zu definieren, wo oben ist: „Es gibt nicht nur ein Oben, es gibt ganz viele Oben", betont Hiltrud Werner: „Eine Oberärztin in einem Krankenhaus kann auch für sich definieren, ‚Mensch, jetzt bin ich ganz oben‘. Oder wenn ein Politiker Minister geworden ist, denkt der vielleicht auch, dass er ganz oben ist und dass er es geschafft hat."

Dass Hiltrud Werner es nicht für den richtigen Motor hält, einfach nur nach oben zu wollen, wird deutlich, wenn sie über Begegnungen mit jungen Menschen spricht, die sie nach Möglichkeiten fragen, ins Management aufzusteigen. Sie stelle dann Fragen dazu, ob derjenige Menschen liebt oder was das Unternehmen davon habe, wenn es ihn oder sie befördere. „Dann sind die Antworten manchmal ganz dünn und dann stellt man fest, dass die jungen Leute eigentlich nicht mehr Führungsverantwortung wollen, eigentlich wollen sie nur mehr Geld", sagt sie, lacht und fügt hinzu: „Ehrliches Feedback gibt's bei mir gratis."

> „Ehrliches Feedback gibt's bei mir gratis."

Ihr eigener Aufstieg scheint rasant: Nach der Stelle als Projektmanagerin für Prozessoptimierung bei Softlab in München absolvierte sie ein internationales Management-Traineeprogramm bei BMW. Anschließend wird sie bei der BMW-Bank Abteilungsleiterin. Sie war Leiterin der Revision bei der MAN SE, 2014 wechselte sie in dieser Funktion zu ZF Friedrichshafen AG. Mehrfach ging sie ins Ausland. Das sieht so aus, als sei sie die Karriereleiter ganz einfach raufgeklettert. Aber: „Die Entscheidungen in meinem Leben sind auch nicht immer nur karrieremäßig geradlinig nach oben verlaufen", betont Hiltrud Werner. Als sie von MAN – einem fahrzeugproduzierenden Unternehmen – weg wollte, sei sie zu einem Zulieferer gegangen. Viele in ihrem Umfeld hätten das als Abstieg gesehen. „Ich hatte auch weniger Mitarbeiter, ich habe 20 Prozent weniger verdient – aber die Arbeit hat mir Spaß gemacht." Und das sei ihr wichtig. „Ich habe bewusst danach geschaut, ob ich irgendwo einen Impact generieren kann, ob ich etwas gestalten kann – aber es musste schon auch die Branche stimmen."

In einem Interview mit der Zeitschrift „Chrismon" erzählt Hiltrud Werner, dass sie auch versuche, bei jungen Menschen das Selbstvertrauen zu fördern: „Der einzige Mensch, der definiert, wer du bist, bist du selbst." Sie selbst wolle bei allen ihren Entscheidungen in den Spiegel blicken können. Sie rechtfertige diese nicht vor anderen, nur vor sich selbst. Wichtig sei ihr zudem, dass sie zu den Entscheidungen stehe, „auch wenn sie sich im Nachhinein als nicht richtig herausstellen." Sie hadere dann nicht: „Die Entscheidung ist gefallen und dann geht es mit dem Blick nach vorne – und nicht in den Rückspiegel – in die neue Aufgabe rein." Sie habe aber auch Menschen in ihrem Umfeld, die sie um Rat frage. Die kennen sie noch aus Zeiten, als sie in anderen Unternehmen war und andere Rollen hatte. Und: Sie kennen ihre Stärken und Schwächen. „Dann hat man immer einen Sparringspartner, den man mal anrufen und sagen kann: ‚Stell dir mal vor, das und das ist passiert und was kann ich da besser machen?' Das nutze ich schon auch." Zudem lerne sie von ihren Mitarbeiterinnen und Mitarbeitern: „Wenn man Mitarbeiter hat, die wissen, dass sie ihren Chef angstfrei kritisieren können und da auch mal sagen können: ‚Hör mal, diese oder jene Sitzung, die ist vom Verlauf her für mich unglücklich gewesen, weil du dich so und so verhalten hast und ich habe das so und so gesehen', das hilft mir natürlich auch sehr, an mir zu arbeiten."

Ihre Tür sei immer offen, sie sei nahbar. „Ich versuche, jedem, der mich um ein Gespräch bittet, auch zur Verfügung zu stehen. Außerdem bin ich jemand, der seinen Mitarbeitern sehr, sehr ehrlich Feedback gibt und deren Potenziale fördert." Sie gebe einen Handlungsrahmen und eine Strategie vor, würde durchaus auch Hindernisse aus dem Weg räumen, lasse ihre Mitarbeiterinnen und Mitarbeiter aber immer zuerst selbst probieren. Außerdem sagt sie: „Ich habe für mich festgestellt, dass es wichtig ist, wirksam zu delegieren."

Auf die Frage, was ihre Karriere befördert hat, nennt sie ihre Auslandsaufenthalte. Hiltrud Werner hat nicht nur zweimal ein halbes Jahr in den USA gearbeitet, sie war auch in Projekten in Amsterdam und Wien tätig und hat mit ihren Kindern viereinhalb Jahre in England gelebt. „Und wenn man dann zurückgekommen ist mit der Erfahrung und der Wertschätzung, die einem auch dort wiederfahren ist – vielleicht ist einem dadurch vieles einfacher geworden." Dadurch habe die Firmenzentrale gemerkt, dass es laufe. Sie habe nur die Leistung und die Ergebnisse gesehen, nicht die Frau. „Also, die Distanz zu Vorgesetzten, die meine Leistung beurteilen mussten, hat mir am meisten geholfen." Um sich durchzusetzen, bedarf es aber auch noch anderer Eigenschaften. „Empfindlich darf man nicht sein", sagte Hiltrud Werner in Interviews. Im Vorstand gehe es dabei aber nicht um Härte, sondern um Redezeit: „Wie schaffe ich es, dass mir in einer Vorstandssitzung zugehört wird, ohne dass mir gleich einer ins Wort fällt, mein Punkt abgebügelt oder gleich von der Agenda gestrichen wird?" Sie brauche Gehör nicht nur für sich selbst, sondern auch für die guten Beiträge der Mitarbeiterinnen und Mitarbeiter aus ihrem Ressort. Dafür müsse sie „Zeit in die Vorbereitung stecken. Vorher mit zwei, drei Leuten sprechen, die Positionen vergleichen, Kausalzusammenhänge gut begründen, Verbündete suchen. Eine Art Choreografie einüben." Werde ihr dennoch das Wort abgeschnitten, würde sie hin und wieder auch einfach weiterreden.

Als Hiltrud Werner 2017 in den Vorstand von VW kam, habe es in ihrem Vorstandsbereich 17 Prozent Managerinnen in Führungspositionen gegeben, erzählte sie in einem Interview. Zwei Jahre später seien es 34 Prozent gewesen. Sie selbst ist erst die zweite Frau überhaupt im VW-Vorstand – und derzeit die einzige. Aber so sehr sie sich auch weltweit dafür einsetzt, dass mehr Frauen in Führungsebenen gelangen – sie kann nicht dafür sorgen, dass eine weitere Frau in den VW-Vorstand kommt, denn „Der Aufsichtsrat sucht die Vorstände aus." Darauf habe sie keinen Einfluss, sagt Hiltrud Werner und lacht.

Hiltrud Dorothea Werner

Jahrgang 1966

Kontakt
Hiltrud Dorothea Werner

Volkswagen AG
Berliner Ring 2
38436 Wolfsburg

volkswagen-ag.com

de.linkedin.com/in/hiltrud-werner

Hiltrud Dorothea Werner wurde zum 1. Februar 2017 zum Vorstand der Volkswagen AG berufen. Dort leitet sie den Geschäftsbereich Integrität und Recht.

Zuvor leitete sie seit Januar 2016 die Volkswagen Konzernrevision. Bis zu ihrem Wechsel in den Volkswagen Konzern war sie Leiterin der Revision der ZF Friedrichshafen AG.

Ihre berufliche Laufbahn begann sie nach ihrem Studium 1991 als Projektmanagerin für Prozessoptimierung bei der Softlab GmbH.

1996 wechselte sie zur BMW AG und absolvierte ein Management-Traineeprogramm. 2003 leitete sie große Bereiche der Revisionsabteilung für Großbritannien, wo sie viereinhalb Jahre lebte. Zuletzt war sie bei BMW Leiterin Finanzdienstleistungen in der Konzernrevision. 2011 übernahm sie die Leitung der Revision bei der MAN SE, 2014 wechselte sie zur ZF Friedrichshafen AG.

Hiltrud Werner ist seit 2017 Mitglied des Aufsichtsrats der Audi AG und übernahm 2018 zusätzliche Aufsichtsratsmandate bei den Konzernmarken Porsche AG und Seat SA sowie der Traton Group, unter der die Lastwagensparte von Volkswagen mit den Marken MAN und Scania zusammengefasst ist.

Hiltrud Werner ist verheiratet und hat zwei erwachsene Kinder.

Sie ist Diplom-Ökonomin und studierte bis zu ihrem Abschluss 1989 an der Martin-Luther-Universität in Halle-Wittenberg.

Dr. Gudrun Sander ist Titularprofessorin für
Betriebswirtschaftslehre mit besonderer Berücksichtigung des
Diversity Managements an der Universität St. Gallen.

„Es ist ungleich spannender, selber gestalten zu können"

Dabei richtet sie einen Fokus auf Frauen
in Führungspositionen.

Interview mit Prof. Dr. Gudrun Sander

Frau Sander, worauf sollten junge Frauen achten, die sich beim Berufseinstieg bei einem Unternehmen bewerben?

Junge Frauen sollten sich das Unternehmen genau anschauen. Sie sollten Mitarbeitenden-Kommentare in den Social Media beachten, besonders jene von Frauen. Sie sollten schauen, wie viele Frauen in Schlüsselpositionen und hohen Führungsfunktionen sind. Und sie sollten schon von Beginn an die Entwicklungsmöglichkeiten nachfragen. Daneben ist es natürlich ganz wichtig, dass ich als Person hinter dem Geschäftszeck des Unternehmens stehen kann.

Nun sagen inzwischen einige Unternehmen, dass sie auf Diversität und Geschlechtergerechtigkeit achten, Frauen in ihrer Karriere unterstützen oder auf Familienfreundlichkeit Wert legen. Wie beim Umweltschutz könnte es hier doch vielleicht auch eine Art „Green-washing" geben. Wie erkennt man denn Unternehmen, denen wirklich an Frauenförderung und Geschlechtergerechtigkeit gelegen ist?

Ein wichtiges Merkmal ist Transparenz. Hat das Unternehmen z.B. Lohngleichheitsanalysen (die freiwillig sind) durchgeführt und die Resultate veröffentlicht? Unterstützt das Unternehmen die Vereinbarkeit von Beruf und Privatleben, z.B. durch Kinderbetreuungsangebote, finanzielle Zuschüsse oder durch flexible Arbeitsmöglichkeiten über alle Hierarchiestufen hinweg – natürlich soweit es die Aufgaben im Unternehmen zulassen? Und hat es in Schlüsselfunktionen und im Aufsichtsrat auch Frauen oder Männer, die das Thema Geschlechtergerechtigkeit auch öffentlich thematisieren?

Wie können Frauen dafür sorgen, dass ihr Arbeitgeber für sie förderliche Strukturen einrichtet?

Das ist nicht nur Aufgabe der Frauen. Frauen und Männer müssen dafür einstehen, dass strukturelle Anpassungen gemacht werden, dass z.B. verschiedene Beschäftigungsmodelle angeboten werden. So ist es beispielsweise auch möglich, im Schichtbetrieb in verschiedenen Arbeitspensen, also Teilzeit, zu arbeiten. Manchmal bedarf es dazu aber einer größeren Umstellung der Arbeitsverteilung. Das überblickt je nach Hierarchiestufe die einzelne

Frau bzw. der einzelne Mann nicht. Deshalb ist es wichtig, dass besonders strukturelle Anpassungen in hierarchieübergreifenden und abteilungsübergreifenden (Arbeits-)Gruppen diskutiert werden, damit neue Vorschläge gemeinsam erarbeitet werden können. Je nach Größe des Unternehmens bzw. je nach Land sind die Gewerkschaften wichtige Stakeholder, die frühzeitig in die Diskussionen und in die Lösungssuche einbezogen werden müssen. Wenn immer möglich empfehlen wir deshalb, in einem begrenzten Rahmen neue Arbeitsmodelle auszuprobieren, bevor sie dann flächendeckend umgesetzt werden.

Stimmt es, dass Organisationen erfolgreicher sind, die mit gemischten Teams und auch mit einer gemischten Führung arbeiten?

Das ist nicht so eindeutig zu beantworten. Es kommt sehr auf die Aufgaben der Firma und den Kontext an. Grundsätzlich gilt, dass bei komplexen und innovativen Aufgaben gemischte Teams überlegen sind. Bei hoch routinisierten Aufgaben oder bei eher einfachen Aufgaben können homogene Teams mindestens genauso erfolgreich, manchmal sogar erfolgreicher sein. Denken Sie z.B. an die Notaufnahme in einem Krankenhaus (Notfall). In den westlichen Ländern sind in den meisten Spitälern die Prozesse standardisiert und es darf nicht wirklich einen Einfluss auf die Leistung haben, wer gerade Dienst hat. Eine fachliche Diversität wird vorausgesetzt; ob eine Frau oder ein Mann die Untersuchung macht, sollte aber keine Rolle spielen. Wenn Sie aber nach einer Operation auf die Station verlegt werden, kann es sehr hilfreich sein, wenn jemand aus dem Pflegepersonal oder aus dem medizinischen Personal aus ihrem Kulturkreis ist, um z.B. die Geschlechterrollen zwischen den Kulturen zu übersetzen.

Wie definieren Sie eine erfolgreiche Firma? Ist das lediglich der finanzielle Erfolg? Oder gibt es auch andere Faktoren, die eine Rolle spielen?

An der Universität St. Gallen definieren wir eine erfolgreiche Firma anhand der „Tripple Bottom Line". D.h. ein Unternehmen ist dann erfolgreich, wenn es erstens sozial nachhaltig ist. Hier ist gemeint, dass es ein guter und verlässlicher Arbeitgeber ist, faire Löhne zahlt, Entwicklungsmöglichkeiten bietet und somit ein attraktiver Arbeitgeber ist. Zweitens muss das Unternehmen auch ökologisch nachhaltig wirtschaften, da es sonst nicht längerfristig überleben kann. Und drittens muss es natürlich auch finanziell erfolgreich sein, denn nur so kann es überleben, faire Löhne zahlen, innovative Produkte und Dienstleistungen entwickeln und die Zukunft sichern.

Zurück zu berufstätigen Frauen: Äußere Faktoren, die verhindern, dass Frauen vorankommen, gibt es einige – Männer arbeiten lieber mit Männern, fehlende Kinderbetreuung, mangelnder Rückhalt in der Familie. Frauen wird aber auch oft nachgesagt, dass sie innere Stolpersteine haben, die ihre Karriere verhindern, indem sie beispielsweise ihr Licht unter den Scheffel stellen. Sind das wichtige Faktoren? Und wenn ja: Welche spielen da noch eine Rolle?

Ja, das sind sehr wichtige Faktoren. Frauen und Männer sind im gleichen gesellschaftlichen System sozialisiert, d. h. die geschlechtsspezifischen Rollenerwartungen tragen alle von klein auf mit. Bereits Fünf- bis Siebenjährige haben ganz klare Vorstellungen, welche Arbeiten Frauen und welche Arbeiten Männer machen. Bei Mädchen wird – bewusst oder unbewusst – häufig ein Verhalten verstärkt, dass sich mit Bescheidenheit, Zurückhaltung, „im Dienste der anderen" etc. beschreiben lässt. Frauen sehen sich folglich selber häufig in der Rolle der Zuverdienerin, deren Hauptverantwortung Kinder und Haushalt sind. Junge Frauen wählen noch heute ihren Beruf oder ihr Studium mit der impliziten Leitfrage: „Kann ich damit Beruf und Familie vereinbaren?" Und junge Männer wählen mit der impliziten Leitfrage: „Kann ich damit eine Familie ernähren?" Diese Geschlechterrollenerwartungen sind also sehr persistent. Die jungen Menschen wählen nicht mit Fragen wie z.B. „Wo habe ich meine Leidenschaft, was kann ich besonders gut oder welche Berufe sind in Zukunft am meisten gefragt?" Dazu kommt dann, dass Frauen und Männer, die sich entgegen diesen Geschlechterrollenerwartungen verhalten, (unbewusst) auf Widerstände treffen. Der Mann, der seinen Chef nach Teilzeitmöglichkeiten fragt, weil er sich um die Kinder kümmern will, stößt auf weniger Verständnis als die Frau, die das gleiche Anliegen hat. Oder die Frau, die mit drei kleinen Kindern berufliche Ambitionen weiterverfolgt und sich für einen nächsten Karriereschritt empfiehlt muss mit einem Ausmaß an Unverständnis rechnen, dass einem Mann nie entgegengebracht würde. Hier sind wir also alle gefordert unsere stereotypen Vorstellungen kritisch zu reflektieren. Dabei hilft es auch sehr, über die Grenzen in andere Länder und Kulturen zu schauen.

Wie können Frauen damit umgehen? Was hilft, sich innerlich stärker zu machen?

Weibliche Vorbilder helfen. Aber es helfen auch Menschen im Umfeld, die einen auf dem etwas anderen Weg gut unterstützen und ehrliches Feedback geben. Es ist auch gut, sich selber positiv zu verstärken. Eine kleine aber effektive Übung ist z.B., sich vor dem Einschlafen drei Dinge vor Augen zu führen, die am heutigen Tag gut gelungen sind. Wir neigen in den deutschsprachigen Ländern leider dazu, immer den Misserfolgen, Fehlern oder Schwächen sehr viel Aufmerksamkeit zu schenken. Ein gelegentlicher Abschied vom Perfektionismus hilft auch: Ich muss nicht schon alles selber und alleine lösen können, um eine Aufgabe zu übernehmen. Ich muss aber offen sein und mein Netzwerk um Unterstützung bitten können. Mir hilft es jeweils sehr mit anderen über eine Herausforderung zu sprechen, Ideen auszutauschen oder auch zwischendurch mit einem Coach oder einer Mentorin zu arbeiten. Dazu gehört auch aktiv Feedback von anderen einzuholen. Manchmal hilft es auch sich vor Augen zu führen, dass es gut ist, für sich (und die Kinder) selber finanziell sorgen zu können. Zirka fünfzig Prozent der Ehen werden mittlerweile geschieden, von Altersarmut sind Frauen besonders betroffen etc. Sich also finanziell auf einen Mann zu verlassen scheint recht riskant zu sein. Da ist es doch besser, sich selber in die Ernährerinnen-Rolle hineinzudenken. Mit diesem Bewusstsein werden Frauen auch den Lohn besser verhandeln. Davon bin ich überzeugt.

Was raten Sie Frauen, wie sie mit Machtspielen umgehen sollen?

Zuerst einmal muss man diese durchschauen. Das ist nicht immer so einfach. Dann kommt es sehr auf das Gegenüber an, welcher Umgang hier empfehlenswert ist. Manchmal ist Humor gut, manchmal direkte Konfrontation, manchmal brauchen Sie Verbündete oder lassen das Spiel lieber einen Stellvertreter oder eine Stellvertreterin spielen.

Nun ist man vermutlich erst ab einer gewissen Ebene in der Lage, Strukturen in einem Unternehmen mitzugestalten. Sehen Sie das auch so? Und wenn ja: Welche Möglichkeiten haben Frauen vorher, ihre Lage gut für sich zu nutzen?

Darum ist es gerade so wichtig, dass Frauen rasch in entscheidende Führungspositionen kommen. Denn dann können sie mitgestalten und entscheiden. Das ist die positive Seite der Macht, die ich versuche jungen Frauen aufzuzeigen. Es ist ungleich spannender und befriedigender, selber gestalten zu können als einfach tun zu müssen, was andere einem sagen. Auf dem Weg dorthin ist es wichtig, dass Frauen sichtbar werden. Nehmen Sie die Gelegenheit wahr, selber zu präsentieren oder selber ein Anliegen zu vertreten, wenn immer das möglich ist. Nehmen Sie Herausforderungen

„Ein gelegentlicher Abschied
vom Perfektionismus hilft auch:
Ich muss nicht schon alles selber
und alleine lösen können,
um eine Aufgabe zu übernehmen."

und neue Aufgaben an, auch wenn Sie nicht sicher sind, ob Sie das schaffen. Holen Sie sich dazu rechtzeitig Unterstützung. Melden Sie Ihre Ambitionen an, dass Sie an weiteren Entwicklungsschritten oder neuen Aufgaben interessiert sind. Wichtig ist dabei aber auch Grenzen zu setzen um nicht dem „Prove-it-again-Bias" aufzusitzen. Konkret kann das heißen, dass Sie eine Aufgabe auch einmal ablehnen, wenn Sie schon mehrfach bewiesen haben, dass Sie das können. Machen Sie dann aber ein Angebot, welche neue oder zusätzlich herausfordernde Aufgabe Sie gerne übernehmen möchten.

Ich habe die Beobachtung gemacht, dass es manchen Frauen gelingt, Herabsetzungen schlichtweg zu ignorieren und ihr Ding „durchzuziehen". Wie gelingt eine solche Haltung? Und ist sie für jede Frau die richtige?

„Pick your fights", heisst es so schön. Es lohnt sich tatsächlich, manchmal eine Herabsetzung zu ignorieren. Aber ich würde das keinesfalls immer machen und es ist auch nicht für jede Frau die richtige Taktik. Aber sich zu fragen, wo lohnt sich eine Klärung oder Konfrontation, in welcher Form, finde ich sehr wichtig. Weniger beim Herabsetzen aber beim Übergehen – also eine Frau bringt in einem Gremium einen Vorschlag, dieser wird nicht gehört, fünf Minuten später bringt ein Mann den gleichen Vorschlag und er wird als ganz toll betrachtet – gibt es eine hilfreiche Taktik: Eine Frau kann Vorschläge der anderen Frau jeweils „verstärken" im Sinne von: „Ich finde den Vorschlag von Frau X sehr gut und möchte ihn unbedingt nochmals unterstreichen ..." Diese gegenseitige Unterstützung kann im Vorfeld auch mit einer Kollegin oder einem Kollegen so abgesprochen werden.

Kann es auch von Vorteil sein, unterschätzt zu werden?

Nein, nicht wirklich und vor allem nicht, wenn es um das Thema Frauen in Führungspositionen geht. Richtig eingeschätzt wäre am besten. Wenn ich sehr gelobt werde für eine bestimmte Leistung und ich selber diese aber gar nicht so schwierig erachte, hat man mir das doch einfach nicht zugetraut und mich unterschätzt. Mich ärgert das.

Manche der von mir befragten Frauen hatten von Beginn ihrer beruflichen Laufbahn an ein Ziel, was sie werden wollten und haben das verfolgt. Andere haben geguckt, was ihnen das Leben im Rahmen ihrer Interessen angeboten hat. Was raten Sie jüngeren Frauen, wie sie herausfinden, was für sie der bessere Weg ist?

Ich rate dazu, Ziele zu haben und gleichzeitig offen zu sein, wenn sich neue Möglichkeiten bieten. Gewisse Stärken zeigen sich schon früh, andere erst später im Leben. Am wichtigsten ist es, ehrlich mit sich selber zu sein und seinen Leidenschaften und Stärken zu folgen. Denn richtig gut werden wir nur dort, wo wir unsere Stärken haben. Für junge Frauen ist es oft wichtig, dass sie sich nicht zu sehr von (Rollen-)Erwartungen z.B. der Eltern, Lehrkräfte oder Freunde beeinflussen lassen. Aber sich ehrlich zu fragen, was bringt mich dazu, jeden Morgen wieder aufzustehen, welche Spuren möchte ich hinterlassen und warum treibt mich das an, finde ich entscheidend. Wir sind dann beim berühmten SINN, den wir uns selber zu schaffen in der Lage sein müssen. Jungen Frauen empfehle ich auch Verschiedenes auszuprobieren und sich gleichzeitig der Konsequenzen bewusst zu sein. Ein klassischer Fehler, den viele Frauen machen, ist zu früh in Bereiche wie Kommunikation, Human Resources oder Marketing zu wechseln ohne jemals Gewinn-/Verlust-/Budget-Verantwortung gehabt zu haben. Damit wird der Aufstieg in höhere Führungspositionen sehr schwierig.

Gibt es Charakterzüge, die für eine Führungsposition unabdingbar sind?

Sie müssen Menschen mögen und es mögen, sie zu entwickeln und zu fördern. Sie müssen bereit sein, (finanzielle) Verantwortung zu übernehmen und Sie müssen gerne entscheiden.

Und gibt es solche Charakterzüge auch hinsichtlich einer Firmengründung?

Hier kommt noch stärker hinzu, dass Sie sich nicht zu schnell verunsichern lassen, also an Ihrer Vision oder Ihrem Traum festhalten können und dass Sie damit auch bereit sind, ein größeres Risiko einzugehen.

Es gibt strukturiertes Mentoring und individuelles. Das erste meint ein Programm, dessen Ablauf vorgegeben ist, das andere eine individuelle Mentorin, die sich die Frau selbst sucht. Wann würden Sie welchen Weg empfehlen?

Ich würde ein strukturiertes Mentoring sehr empfehlen, wenn es innerhalb eines Unternehmens auch um Sichtbarkeit geht. Eine individuelle Mentoring-Beziehung kann auch außerhalb des Unternehmens sinnvoll sein und ein strukturiertes Mentoring ergänzen.

Prof. Dr. Gudrun Sander

Jahrgang 1964

Kontakt
Prof. Dr. Gudrun Sander

Director for diversity and
management programmes

gudrun.sander@unisg.ch
es.unisg.ch

linkedin.com/in/gudrun-sander

Gudrun Sander ist Titularprofessorin für Betriebswirtschaftslehre mit besonderer Berücksichtigung des Diversity Managements an der Universität St. Gallen. Unter ihrer Leitung als Direktorin steht das Competence Centre for Diversity and Inclusion (www.ccdi-unisg.ch) an der Forschungsstelle für Internationales Management, das Unternehmen mit Forschungsprojekten, Analysen und Beratung im Themenfeld unterstützt. Fokusbereiche sind dabei Frauen in Führungspositionen, Lohngleichheit, Human-Resources-Prozessanalysen, Diversity-Benchmarkings und Unconscious Bias Trainings. Gleichzeitig ist sie auch Akademische Direktorin für Diversity- und Management-Programme an der Executive School of Management, Technology and Law der Universität St. Gallen, wo sie 2008 die sehr erfolgreiche Management-Weiterbildung „Women Back to Business" initiierte, die in Deutsch und Englisch angeboten wird (www.es.unisg.ch/wbb).

Sie ist Mitglied der Women's Empowerment Principles Leadership Group (WEPs LG) und ebenfalls der Principles for Responsible Management Education (PRME) Working Group on Gender Equality.

Seit mehr als 25 Jahren setzt sie sich für Chancengleichheit, Frauenförderung und Inklusion ein. Ihr Ziel ist es die Unternehmenswelt für Frauen und Männer gerechter und fairer zu machen. Sie ist Autorin zahlreicher Artikel und Bücher zum Thema.

Tja. Und wie geht es nun an die Spitze? Wie kommen Frauen in Führung? Eines wird in den Interviews ganz deutlich: Es gibt sehr viele verschiedene, individuelle Wege. Schon deshalb soll und kann dieses Buch kein Ratgeber sein, kein Rezept für den goldenen Weg in die Führung. Es gibt keine Zutatenliste, mit deren Hilfe der berufliche Aufstieg mit Sicherheit gelingt.

Einfach machen: Die Essenz aus 13 Gesprächen

Die Porträts zeigen aber, dass bestimmte Aspekte helfen, in Führung zu kommen. Über die es sich Gedanken zu machen gilt. Die man organisieren, beginnen oder beenden sollte, um mit dem Weg zu starten. Es sind Erkenntnisse aus den Anmerkungen und Erfahrungen, die mehrere Frauen gemacht haben. Dinge, auf die sie hingewiesen haben. Anderes zeigte sich in ihrer Art zu denken und zu argumentieren. In ihrem Blick auf Menschen. In ihrer Motivation.

Den richtigen Beruf ergreifen

Zu Beginn einer Karriere steht natürlich die Frage: In welchem Beruf will ich arbeiten? In den Interviews zeigte sich, dass es dabei wichtig ist herauszufinden, was einem Spaß macht – und worin man richtig gut ist. Wo man sein Potenzial möglichst weit entwickeln und einbringen kann. Maßstab für die Berufswahl sollten also die eigenen Interessen und Fähigkeiten – und eben nicht Arbeitsmarktprognosen sein. Zumal die selten soweit in die Zukunft reichen, dass sie für ein ganzes Arbeitsleben gelten, meistens überspannen sie nur wenige Jahre. Und liegen außerdem oft daneben.

Angelika Nowotny zum Beispiel hat kein Medizin-Studium begonnen, sondern eine Schneiderlehre gemacht. Christine Tecklenburg hatte einen konkreten Berufswunsch, von dem ihr abgeraten wurde. Nach einem Fehlversuch in einem anderen Bereich ist sie zu ihrem Traumberuf zurückgekehrt – und arbeitet bis heute zufrieden darin.

„Nur da kann man authentisch sein, nur da kann man auch mal die Extra-Meile gehen und den Job so gut machen, dass man auch dafür wertgeschätzt wird", sagt Hiltrud Werner. Wer seinen Stärken entsprechend arbeitet, wird langfristig motiviert und zufrieden sein. Solche Menschen sind resilienter, können also besser mit Stress und Krisen umgehen, erleben das eigene Tun als sinnvoller – und freuen sich öfter. Anja Hradetzky bezeichnet es so: „Und auch wenn's anstrengend ist und manchmal auch nervt, mache ich genau das, was mich erfüllt."

Nicht jeder Frau ist der spätere Beruf bzw. das Berufsfeld jedoch so früh klar wie zum Beispiel Antje Boetius oder Anna Dollinger. Das, was einem Spaß macht und liegt, findet man aber nicht unbedingt nur durch Selbstbeobachtung, Erlebnisse und Erfahrungen heraus. Es helfen auch Gespräche mit Freundinnen und Freunden, mit den Eltern, mit Lehrerinnen und Lehrern, mit Vorgesetzten, mit guten Kolleginnen und Kollegen. Denn manche unserer Eigenschaften nehmen wir möglicherweise gar nicht wahr. Wie beispielsweise Pamela Niazi, deren privates Umfeld ihr Führungspotenzial erkannt und sie darauf hingewiesen hat. Parallel hilft das Tun. Praktika, Nebenjobs, ehrenamtliche Tätigkeiten bieten realistische Einblicke in den möglichen Traumberuf. Dabei zeigt sich, welche Fähigkeiten man hat und entfalten kann. Manchmal treten dabei auch Begabungen zutage, die vorher unerkannt vor sich hinschlummerten. Oder aber es wird etwas anderes klar: Nicht alles, was man interessant findet, kann man auch gut.

Diese Klärung braucht Zeit. Aber es lohnt sich, Folgendes herauszufinden: Was zeichnet mich aus? Welche Stärken habe ich? Was sind meine Talente? Was kann ich gut? Was gibt mir Kraft?

Bei sich bleiben

Viele Frauen betonen, wie wichtig es ist, bei sich zu bleiben. Gemeint ist, sich seiner eigenen Werte und Maßstäbe bewusst zu sein, an denen man sein Handeln ausrichtet – und an denen man den eigenen Erfolg misst. Es muss also nicht immer die ganz große Frage danach sein, ob man nach einer Entscheidung noch in den Spiegel gucken kann. Es kann auch das tägliche Verhalten sein. Anna Ramskogler-Witt meint zum Beispiel, dass es wichtig sei, sich zu geben, wie man ist. Sich anzupassen und seine Art zu ändern, raube zu viel Energie. Natalie Müller-Elmau rät jungen Frauen, sich nicht zu verbiegen.

Hier stellt sich die Frage nach den eigenen Werten, Maßstäben, Ressourcen – und auch die nach der eigenen Definition von Erfolg. Was ist ein erstrebenswertes Ziel? Was ist zu erreichen mit den eigenen Ressourcen, Kompetenzen, mit dem persönlichen Umfeld und Hintergrund? Jessica Libbertz empfiehlt in ihrem Buch „No Shame", sich zu fragen, wofür man selbst Erfolg braucht. Was ist die Motivation, ein Ziel zu erreichen? Und was ist man dafür zu zahlen bereit? Sie schreibt: „Wenn es deinen Frieden kostet, ist es zu teuer". Bewusst eigene Maßstäbe anzulegen bedeutet auch, sich weniger mit anderen zu vergleichen. Was meistens ohnehin nicht mehr hervorruft als Neid. Ein Gefühl, das eher bremst als vorankommen lässt.

Das eigene Oben finden

Es gibt nicht nur die eine Führungsposition. Und nicht jede will, nicht jede kann in einen Vorstand oder Aufsichtsrat, zumal diese Positionen limitiert sind. Es gibt diverse Möglichkeiten, zu führen: beispielsweise die Leitung eines Kleinunternehmens, die mittlere Führungsebene, das Mandat im Bundestag, die Geschäftsführerin, die Beraterin. „Es gibt viele Oben", sagt Hiltrud Werner.

Es gilt, sich nicht nur klar zu machen, welche Möglichkeiten es im jeweiligen Berufsfeld gibt, welche Optionen, sich zu entwickeln. Sondern jede Frau muss sich vor allem bewusst machen, was sie will und kann. Nicht jede möchte bei Spielen um Macht und Einfluss mitmischen. Manche Frau ist in einem agilen Kleinunternehmen bestens aufgehoben. Nicht jede will Präsidentin einer Hochschule werden – weil sie dort beispielsweise nicht mehr inhaltlich arbeiten kann, sondern politisch taktieren muss. Nicht jede will in Verwaltungsstrukturen arbeiten. Und das ist auch alles in Ordnung.

Arbeiten, wie man es will

Wie will ich arbeiten? Hinter dieser Frage schließen sich einige weitere an: Welche Werte sind mir wichtig? Über welche Firmenphilosophie muss ein Unternehmen verfügen, für das ich arbeite? Welche Formen der Zusammenarbeit sind mir wichtig? Welches Menschenbild? Anja Hradetzky und Angelika Nowotny haben bei der Auseinandersetzung mit ihrem Beruf festgestellt, dass ihre Vorstellungen so besonders sind, dass sie sie in Anstellungen nicht gefunden haben oder umsetzen konnten. Deshalb haben sie ihr eigenes Unternehmen gegründet.

Sich fokussieren

Die porträtierten Frauen haben fast alle ein Ziel genannt, auf das sie sich zubewegt haben:

ein konkretes Berufsfeld (Landwirtin, Pfarrerin, Meeresforscherin) oder eine Tätigkeit. Zu
Letzterem gehört beispielsweise Pamela Niazi,
die in den Vertrieb gegangen ist, weil sie die
finanzielle Sicherheit und die zeitlich-räumli-
che Freiheit gereizt haben. Auf diese Aufgaben
haben sich die Frauen fokussiert und darauf
hingearbeitet, Ausbildungen und Abschlüsse
gemacht, Kontakte geknüpft, sich Fertigkeiten
und Fähigkeiten angeeignet, berufliche Erfahrungen gesammelt. Julia Verlinden hat das
so ausgedrückt: „Ich war vielleicht auch erfolgreich, weil ich gewartet habe, bis ich eine
bestimmte Erfahrung hatte und mehr darüber
wusste, wie ich das Kommende erfolgreich
umsetze und packe." Angelika Nowotny nennt
noch einen anderen Fokus, der ihr wichtig ist:
„Keine Zeit und keine Energie zu verschwenden mit Dingen, die nebensächlich sind oder
die nichts zur Sache beitragen."

Offen sein für Dinge, die das Leben (an)bietet

Ein Widerspruch zum Punkt vorher? Stimmt!
Aber: Wir können nicht wissen, ob das Ziel, das
wir zu Beginn unserer beruflichen Laufbahn
angepeilt haben, bis zum Ruhestand zu uns
passt. Man sollte das Ziel also immer mal wieder überprüfen. Außerdem können sich rechts
und links des Weges Möglichkeiten eröffnen,
eine neue Richtung einzuschlagen und einen
anderen beruflichen Schwerpunkt zu setzen.
So war es beispielsweise bei Julia Kümper, die
zunächst in die Politik wollte und dann doch in
die Wirtschaft gegangen ist. Oder bei Angelika

„Man sollte
seine Ziele immer mal
wieder überprüfen."

Nowotny, die erst die Grundlagen dafür gelegt hat, Restauratorin zu werden und auf dem Weg dorthin die Arbeit als Gewandmeisterin für sich entdeckte.

Es lohnt sich also, manche Möglichkeiten genauer zu betrachten und dann zu entscheiden, ob das berufliche Leben eine neue Wendung nehmen soll. Julia Verlinden sagt dazu: „Ich halte immer Augen und Ohren offen, und wenn sich etwas ergibt, frage ich mich, ob es passt." Und, ganz wichtig: Springen, wenn sich die Gelegenheit bietet, wie es Ellen Ueberschär und Natalie Müller-Elmau betonen.

Mut zum kalkulierten Rückschritt haben

Bei kaum einem erfolgreichen Menschen zeigt die Karriereleiter streng nach oben. Das wird aber nur selten kommuniziert. Bei Konflikten oder Unzufriedenheit kann es jedoch sinnvoll sein, ganz bewusst aus der bisherigen Rolle herauszutreten – und einen Schritt nach rechts und links zu machen, wie Julia Verlinden es ausdrückt – oder sogar einen zurückzugehen. Mehrere der porträtierten Frauen haben das getan. Katja Diehl beispielsweise hat nach einer Krise das Unternehmen gewechselt und ist aus der Führungsrolle herausgegangen. Sie hat sich eine Teilzeitstelle gesucht, um sich gleichzeitig selbstständig zu machen. Innerhalb nur eines Jahres hat sie sich ein erfolgreiches Business als Kommunikationsberaterin und Speakerin in der Mobilitätsbranche aufgebaut. Hiltrud Werner ist von einem fahrzeugproduzierenden Unternehmen zu einem Zulieferer-Betrieb

„Man sollte Chancen und Herausforderungen annehmen, wenn sich die Gelegenheit bietet."

gewechselt. Eine Branche, die innerhalb der Automobilindustrie weniger Renommee hat. Sie hatte dort zudem weniger Mitarbeiter und ihr Gehalt war geringer. Aber die Arbeit hat ihr Spaß gemacht. Wenige Jahre später ist sie zu Volkswagen gegangen, wo sie innerhalb eines Jahres in den Vorstand aufgestiegen ist. Wie diesen beiden Frauen ist es auch anderen gelungen, einen solchen Schritt wohlüberlegt zu tun. Sie haben eine Krise genutzt, um sich neu aufzustellen, sich zu sammeln und aus dieser Position die nächsten Schritte zu gehen, die wieder nach oben geführt haben.

Sich an Menschen orientieren, die einem guttun

Michelle Obama hat in ihrer Biografie „Becoming" einen Moment beschrieben, in dem sie sich entschieden hat, sich nur noch an Menschen zu orientieren, die ihr wohlwollend gegenüberstehen. Sie sagt sogar, dass die erfolgreichsten Menschen sich auf Personen stützen, die an sie glauben. Einige Frauen aus diesem Buch orientieren sich ähnlich, beispielsweise an ehemaligen Kolleginnen und Kollegen, an Freundinnen und Freunden, an Familienmitgliedern. Julia Kümper hat sich zu dem Zweck eine „Cheering-Group" organisiert. In dieser Gruppe gibt es nicht nur Applaus, sondern eine konstruktive Auseinandersetzung zu den unterschiedlichsten Fragen: Wieso ist eine Diskussion aus dem Ruder gelaufen? Wie verhalte ich mich bei verbalen Übergriffen? Wie positioniere ich mich, um Mitstreiter für eine Idee zu begeistern? Und so weiter.

Die Orientierung an wohlmeinenden Personen bedeutet nicht, keine Kritik anzunehmen oder jeder Auseinandersetzung aus dem Weg zu gehen. Es heißt vielmehr: Sich zu überlegen, welche Kritik und welche Anregung man von wem annimmt. Und es heißt auch, sich von Menschen zu distanzieren, deren Kritik nicht unterstützend gemeint ist, sondern beispielsweise verunsichernd. Solche Auseinandersetzungen zu führen, raubt Energie, die woanders besser eingesetzt werden könnte.

Einige Frauen erwähnten, dass sie sich an Vorbildern orientieren. Damit meinten nicht alle bekannte Persönlichkeiten, manche haben Personen aus dem direkten beruflichen Umfeld oder aus der Familie und dem Freundeskreis genannt. Katja Diehls Vorbilder sind ihre Eltern. Für Empathie. Und für die Fähigkeit zu akzeptieren, dass andere Menschen andere Dinge zum Glück brauchen als sie selbst. Einige der porträtierten Frauen gucken sich bei Menschen aus ihrem Umfeld nur bestimmte Verhaltensweisen ab, um sie in ihr eigenes Handeln zu integrieren. Das geht auch im Rückkehrschluss – beim Antibild. Solche Menschen lehren, wie man auf keinen Fall sein oder werden will, wie man sich nicht verhalten möchte.

Zu Menschen, die einem gut tun, passt auch die Methode des Mentoring. Hier bilden meist zwei Personen ein Tandem, bei dem ein erfahrener Mentor seine fachlichen oder menschlichen Erfahrungen an eine unerfahrene Person, den bzw. die Mentee weitergibt. Manche Unternehmen richten bei sich eine Mentoring-Kultur ein. Zudem gibt es Institutionen, die Mentoring-Angebote ohne Firmenbezug etabliert haben. Dazu gehören Stiftungen und

Hochschulen. Hier werden die Tandems von externen Personen begleitet, was bei Unstimmigkeiten hilfreich sein kann.

Abseits solcher Programme, kann sich jede selbst einen Mentor oder eine Mentorin suchen. Sheryl Sandberg empfiehlt, zu Beginn nicht einfach mit der Frage „Wollen Sie meine Mentorin sein?" auf die gewünschte Person zuzugehen. Sie hält es für besser, konkrete, auf die Tätigkeit bezogene Fragen zu stellen. Auf diese Weise kann sich mit der Zeit eine Mentoring-Beziehung aufbauen.

Julia Kümper hat noch ein besonderes Thema, über das sie mit wohlmeinenden Menschen spricht: Die Koordination von Familie und Karriere. Sie ist drei Monate nach der Geburt ihrer Tochter wieder in den Beruf zurückgekehrt. Ihr Mann hat den Großteil der Elternzeit genommen. Den beiden war zunächst nicht bewusst, dass es einige Familien gibt, die sich ähnlich organisieren. Erst dadurch, dass sie selbst ihr Modell öffentlich kommuniziert haben, kamen sie mit anderen Müttern und Vätern in den Austausch.

Netzwerken

Wie wichtig gute Netzwerke sind, kam in nahezu jedem Interview zur Sprache. Ziel ist es, sich auszutauschen, zu unterstützen, zu helfen und zu kooperieren, um sich gegenseitig voranzubringen. Und zwar wechselseitig. Mit dem Aufbau und der Pflege von Netzwerken kann man nicht früh genug anfangen. In meiner Arbeit erlebe ich Studierende und Azubis, die damit erst beginnen möchten, wenn sie nach

Abschluss der Ausbildung im Berufsleben stehen. Als Grund dafür nennen sie vor allem zwei Gedanken: Zum einen meinen sie, dass sie während der Ausbildung und dem Studium noch nichts zu bieten hätten, wovon andere profitieren. Zum anderen glauben sie, dass Netzwerke für sie selbst erst im Berufsleben relevant werden. Das mag stimmen, aber darauf kommt es nicht unbedingt an.

Beim Netzwerken wird nicht sofort eine Gegenleistung erwartet, da es längerfristig angelegt ist. So geht es zunächst einmal um den Aufbau gegenseitigen Vertrauens und einer stabilen Beziehung. Erst auf die Dauer wird es zum gegenseitigen Geben und Nehmen. Julia Kümper sagt dazu: „Es ist genug Kuchen für alle da." Menschen, die sich an diese Regel nicht halten – und beispielsweise nur nehmen – fallen irgendwann durchs Raster und damit aus dem Netzwerk. Und: Menschen, die im Berufsleben stehen und einen Berufseinsteiger oder eine -einsteigerin unterstützen, gehen davon aus, dass diese ihnen später helfen wird. Auf diese Weise funktionieren beispielsweise Studierenden-Verbindungen. Die meisten dieser Organisationen nehmen zwar nur Männer auf, aber es gibt auch welche, die offen sind für beide Geschlechter und wenige, die ausschließlich Frauen aufnehmen. Das soll keine Favorisierung sein und auch keine Empfehlung, in eine solche Verbindung einzutreten – jede muss selbst herausfinden, für welche Art von Netzwerk sie sich entscheiden möchte. Das ist abhängig davon, wo sie sich wohlfühlt, welche Art zu netzwerken ihr liegt und mit was für Menschen sie sich verbinden möchte. Manche beispielsweise setzen auf ein Netzwerk, das ausschließlich aus Frauen besteht. Anna Dollinger gehört dazu.

Leute, die man bereits kennt und die oftmals eine ähnliche Lebenseinstellung haben, sind vor allem in Vereinen und Initiativen zu finden, in denen sich Studierende sowie Absolventinnen und Absolventen bestimmter Fachbereiche zusammenschließen. Ein bisschen breiter aufgestellt sind Alumni-Vereine von Hochschulen, die die Absolventinnen und Absolventen aller ihrer Studiengänge an sich binden möchten. Dabei wird nicht nur die Hochschule unterstützt – beispielsweise durch Sachmittel –, oft kommen Studierende an einen interessanten Praktikumsplatz oder ein Thema für ihre Abschlussarbeit.

Zudem gibt es Clubs für bestimmte Branchen oder solche, die bewusst Mitglieder aus verschiedenen Bereichen haben. Es gibt Netzwerke, die Geld für einen wohltätigen Zweck sammeln oder sich gesellschaftlich engagieren (Rotary oder Lions Clubs). Bei manchen dieser Institutionen kann man sich einfach anmelden, bei anderen ist eine Empfehlung durch mindestens ein Mitglied notwendig.

Wer kein Netzwerk findet, dem sie sich anschließen möchte, kann selbst eines gründen. Eine äußere Struktur und rechtlich geregelte Form sind nicht unbedingt notwendig. Durch Bekanntschaften, Projekte, Tagungen, Stellenwechsel usw. ergeben sich immer wieder neue Kontakte, aus denen bei guter Pflege ein sehr individuelles Netzwerk entstehen kann. Damit kann man tatsächlich schon mit Beginn der Ausbildung starten.

Klarheit zeigen

Alle Frauen haben eine enorme Klarheit gezeigt. Diese bezieht sich einerseits auf ihr Rollenverständnis. Andererseits aber auch auf ihr Eintreten für bestimmte Ziele und das Treffen von Entscheidungen. Aber auch hinsichtlich des Kommunizierens über Wünsche und Erwartungen. Das hilft ihnen nicht nur selbst bei der Arbeit – es spart auch Energie, indem man mit einmal getroffenen Entscheidungen nicht hadert, sondern diese konzentriert umsetzt, wie Hiltrud Werner es tut. Es hilft auch dem Umfeld: Die Person ist berechenbar, es ist klar, was sie erwartet und womit man als Mitarbeiterin und Mitarbeiter oder auch als Kooperationspartnerin und -partner rechnen kann. Wer so aufgestellt ist, verschafft sich Respekt.

Fordern

„Frauen, die nichts fordern, werden beim Wort genommen – sie bekommen nichts". Dieses Simon de Beauvoir zugeschriebene Zitat spricht für sich. Viele Frauen scheinen das aber immer noch nicht verstanden zu haben. Sie glauben, dass sie bei guter Leistung irgendwann wahrgenommen werden – und eine Beförderung, ein besseres Gehalt, einen größeren Aufgabenbereich und mehr Verantwortung bekommen. Das ist aber nur in den seltensten Fällen so. Es lohnt sich, in diesem Sinne PR für sich selbst zu machen. So schildert es beispielsweise Pamela Niazi. Zu zeigen, was man kann, die entsprechenden Menschen darauf aufmerksam zu machen und daran anknüpfend zu verdeutlichen, was man erwartet oder welchen Weg man gehen möchte, hält sie für wichtig und richtig.

Antje Boetius rät, Haltung zu zeigen und sich zu wehren, wenn es notwendig ist. Nicht immer stößt das auf Gegenliebe. Hier hilft oft ein Hinweis auf Kollegen (oder Kolleginnen), die mit vergleichbarer Leistung aufgestiegen sind. Von Nutzen kann hier auch das Bilden von Allianzen sein, um beispielsweise für eine ganze Mitarbeitergruppe eine bessere Honorierung oder eine andere Leistung einzufordern.

Nicht jeden Kampf führen

„Pick your fights" – man muss nicht jeden Kampf ausfechten. Das haben Anna Ramskogler-Witt, Hiltrud Werner und Julia Kümper betont. Manchmal ist es beispielsweise geschickter und souveräner, nicht auf eine Provokation einzusteigen, sondern an der Sache weiterzuarbeiten, über die gerade diskutiert wird. Der Schriftsteller Max Goldt hat ein Buch mit dem Titel „Vom Zauber des seitlich dran Vorbeigehens" geschrieben. Ein Bild, das mir in manchen solcher Situationen hilft: Ich habe das Problem erkannt, will aber nicht drauf einsteigen und lasse den Verursacher links liegen.

Aber: Die wichtigen Konflikte muss man angehen. Beispielsweise, wenn man Gefahr läuft, mit einer Bezeichnung herabgesetzt zu werden oder sich herabgewürdigt fühlt. Pamela Niazi hat in einem solchen Fall die entsprechende Person freundlich darauf angesprochen, danach war die Angelegenheit gegessen. So et-

„Einen Rat zu suchen, kann hilfreich sein. Aber die Aufgabe, die Dinge zu erleben, die bleibt jeder selbst überlassen."

was zu tun oder auch solche Situationen zu erkennen, kann man im privaten Kreis oder mit einem Coach üben. Anna Dollinger hat sich in ihrer Zeit auf dem Bau eine ganze Sprüche-Sammlung zugelegt, um sich mit dem jeweils passenden wehren zu können.

Sich ausprobieren

Sammele Erfahrung! Fehler sind Grütze – aber die, die man richtig macht, lehren viel. Der Schauspieler Matthias Matschke hat mir in einem Interview gesagt: „Fehler machen ist nicht angenehm. Fehler sind aber authentisch, weil man sie selbst macht." Einen Rat zu suchen könne in manchen Lebenslagen hilfreich sein, aber: „Die Aufgabe, die Dinge zu erleben, die bleibt einem überlassen. Von daher unternehme ich auch recht viel." Auch damit kann man früh anfangen. Mit Praktika, ehrenamtlichem Engagement und Semester-Ferien-Jobs oder Helfereinsätzen in anderen Ländern während der Urlaubszeit. Hier kann man sich bei Tätigkeiten ausprobieren, zu denen man sonst keine Gelegenheit hat. Und das Gute daran: Sie sind erst einmal zeitlich befristet.

Katja Diehl hat ihre eigene Art gefunden, neue Dinge kennenzulernen: Sie hat es sich im Jahr 2019 zur Aufgabe gemacht, einmal im Monat ihre Komfortzone zu verlassen, und berufliche Aufgaben oder Techniken auszuprobieren, die sie noch nie gemacht hat. Antje Boetius beschreibt, dass sie bewusst immer wieder Neues ausprobiert, ihren Aktionsradius ausgeweitet hat. Beispielsweise, indem sie künstlerische Vermittlungsformen für wissenschaftliche Erkenntnisse nutzt oder stärker in den Medien – Interviews, Talkshows und weiteren Formate – präsent ist. Sie hört in sich die Stimme ihres Großvaters, der ihr geraten habe: „Einfach machen. Dem Zufall eine Chance geben." Auch Anna Ramskogler-Witt bezeichnet es als wichtig, offen zu sein für Gelegenheiten: „Dass man nicht sagt: ‚Oh, das kann ich nicht.' Sondern: ‚Oh, darf ich ausprobieren?'"

Ein übergeordnetes Ziel finden

Einige der porträtierten Frauen gaben an, ein übergeordnetes Ziel zu haben, das sie mit ihrer Arbeit verfolgen. Angelika Nowotny nannte es so: „Man sollte sich etwas überlegen, das über die eigene Biografie hinausgeht." Katja Diehl und Hiltrud Werner möchten die Gesellschaft gestalten. Anja Hradetzky hat das Ziel, nicht nur Menschen Entwicklungen zu ermöglichen und Chancen zu bieten, sondern auch Tiere wesensgemäß zu halten. Ellen Ueberschär will ebenfalls Gesellschaft gestalten aber auch Menschen unterschiedlicher Bereiche miteinander verbinden. Julia Verlinden möchte mit ihrer Politik den Zustand des Planeten verbessern. Das sind ihre ganz persönlichen Motivationen, an der sie ihr Handeln ausrichten. Es ist die individuelle Richtschnur für den eigenen Weg.

Diese Aspekte haben die porträtierten Frauen nicht alle von Anfang an gewusst. Manche wurden ihnen erst im Lauf ihrer Karriere klar, nachdem sie sich auf den Weg gemacht haben. Und jetzt können Sie von deren Erkenntnissen profitieren. Fangen Sie einfach an.

Literaturverzeichnis

Allbright-Stiftung (2019): Entwicklungsland. Deutsche Konzerne entdecken erst jetzt Frauen für die Führung. Allbright-Bericht, September 2019, static1.squarespace.com/static/5c7e8528f4755a0bedc3f8f1/t/5d87daa-592c75f103f5978ff/1569184438389/AllBrightBe-richt_Herbst2019_Entwicklungsland.pdf, Abruf am 15. April 2020

Bähr, Julia (2017): Wo die großen Egos wachsen. comeonbaehr.wordpress.com/2017/07/14/wo-die-grossen-egos-wachsen/, Abruf am 15. April 2020

Balzter, Stefan (2018): Der Feminist. Frankfurter Allgemeine Sonntagszeitung vom 28. Oktober 2018, Ressort Wirtschaft, Seite 30

Beard, Mary (2018): Frauen & Macht. S. Fischer Verlag, Frankfurt am Main

Bock, Petra (2015): Mindfuck-Job. So beenden Sie Selbstblockaden und entfalten Ihr volles berufliches Potenzial. Knaur-Verlag, München

Böhmer, Nicole (2019): Was hindert Frauen daran, heute in Unternehmen Karriere zu machen? Interview zu Karrierechancen von Frauen. In: EMPLOY! Das HR-Magazin für den Mittelstand. hr-heute.com/nicole-boehmer-karrierechan-cen-was-hindert-frauen-in-unternehmen-kar-riere-zu-machen, Abruf am 14. Januar 2020

Boetius, Antje & Boetius, Henning (2011): Das dunkle Paradies. Die Entdeckung der Tief-see, C. Bertelsmann-Verlag, München

Bollmann, Stefan (2006): Frauen, die schreiben, leben gefährlich. Elisabeth Sandmann-Verlag, München

Brand Eins Wirtschaftsmagazin (2019): Wie komme ich voran? Umdenken. Reihe: Edition Brand Eins, Heft 6/2019

Brand Eins Wirtschaftsmagazin (2017): Verklemm dich nicht! Schwerpunkt: Frauen/Männer/Arbeit. Heft 11/2017

Braun, Marie-Luise (2020): „Es macht Spaß, lustige Dinge zu tun. Matthias Matschke liebt komische Rollen. In: Neue Osnabrücker Zeitung vom 4. März 2020, noz.de/deutsch-land-welt/medien/artikel/1994881/matthi-as-matschke-liebt-komische-rollen, Abruf am 16. April 2020

Bund, Kerstin; Geisler, Astrid; Kunze, Anne und Venohr, Sascha (2019): Was Frauen im Job erleben. In: Die Zeit vom 15. August 2019, Ressort Wirtschaft, Seite 17 ff

Bund, Kerstin; Geisler, Astrid und Kunze, Anne (2019): Der große Unterschied. In: Die Zeit vom 21. März 2019, Ressort Wirtschaft, Seite 21

Bundesministerium für Familie, Senioren, Frauen und Jugend: Frauen in Führungspositionen, Entwicklung seit 2015. bmfsfj.de/quote/, Abruf am 17. August 2019

Bundesministerium für Wirtschaft und Technologie (2013): Wachstumspotenziale inhaberinnengeführter Unternehmen – Wo steht Deutschland im EU-Vergleich Endbericht zur Studie im Auftrag des Bundesministeriums für Wirtschaft und Technologie. Autorinnen: Dr. Kirsti Dautzenberg, Alice Steinbrück, Luise Brenning, Guido Zinke, Berlin. bmwi.de/Redak-tion/DE/Publikationen/Studien/studie-wachs-tumspotenziale-inhaberinnengefuehrter-un-ternehmen.pdf?__blob=publicationFile&v=3, Abruf am 25. Januar 2020

Criado-Perez, Caroline (2020): Unsichtbare Frau-en. Wie eine von Daten beherrschte Welt die Hälfte der Bevölkerung ignoriert. btb-Verlag, München

Deutscher Bundestag (2017): „Mehr Frauen in Führungspositionen". bundesregierung.de/Content/DE/Artikel/2017/08/2017-08-16-frau-enquote-bericht-bundestag.html, Abruf am 17. August 2018

Deutsches Ärzteblatt (2017): Weibliche Vorbilder ermuntern Frauen, Karriere zu machen. In: aerzteblatt.de/archiv/193606/Weibliche-Vor-bilder-ermuntern-Frauen-Karriere-zu-machen, Abruf am 15. April 2020

Drescher, Katharina; Häckl, Simone und Schmie- de, Julia (2020): MINT-Berufe: Workshops mit Rollenvorbildern können Geschlechterstereotype abbauen. DIW-Wochenbericht 13/2020

European Institute for Gender Equality (2020): Gender Equality Index 2019. eige.europa.eu/ gender-equality-index/2019/DE, Abruf am 15. April 2020

Goetze, Susanne (2020): Kabale und Klima. In: Spiegel online vom 3. März 2020, spiegel.de/ wissenschaft/klimarat-der-bundesregie- rung-streit-um-mitglied-claudia-kemfert- a-cae91449-e3b4-46ee-a612-065b8bbb2f9e, Abruf am 15. April 2020

Goldt, Max (2005): Vom Zauber des seitlich dran Vorbeigehens. Rowohlt-Verlag, Reinbek bei Hamburg

Grefe, Christiane; Habekuss, Fritz & Probst, Maximilian (2020): Auf der Weltbühne. In: Die Zeit vom 23. Januar 2020, Ressort Wissen II, Seite 35f

Flaßpöhler, Svenja (2018): Die potente Frau. Für eine neue Weiblichkeit. Ullstein Buchverlage, Berlin

Frielingsdorf, Sandra (2019): Mehr Frauen für MINT-Berufe zu begeistern ist das Ziel zahl- reicher Initiativen. In: academics, Juli 2019, academics.de/ratgeber/mint-frauen-in-techni- schen-berufen, Abruf am 15. April 2020

Hähnig, Anne (2018): „Am Anfang fand ich`s krass". In: Die Zeit vom 18. August 2018, zeit. de/2018/33/hiltrud-werner-vw-vorstand-frau- ostdeutschland/komplettansicht, Abruf am 26. März 2020

Hartung, Manuel & Menne, Katharina (2020): Die Botschafterin. Interview mit Katja Becker. In: Die Zeit vom 16. Januar 2020, Ressort Wissen, Seite 31

Heitkamp, Sven (2018): Frau, Ostdeutsche, trotzdem weit oben. In: Sächsische Zeitung vom 6. November 2018, saechsische.de/ frau-ostdeutsche-trotzdem-an-der-spitze- 4045303.html, Abruf am 26. März 2020

Hensel, Jana (2019): „Parität erscheint mir lo- gisch". Interview mit Angela Merkel. In: Die Zeit vom 24. Januar 2019. Ressort Politik, Seite 4 ff

Herzlieb, Heinz-Jürgen & Friedrich Ulrich (2005): Cheffing: Führung von unten, Cornelsen- Verlag, Berlin

Hesse, Jürgen und Schrader, Hans Christian (2016): Networking. Erfolgreich positionieren, Kontakte nutzen, Ziele erreichen. Stark-Verlag, München

Heuser, Uwe Jean (2018): „Es kommt nicht auf das Geschlecht an, sondern auf die eigenen Stärken". In: Die Zeit vom 6. Dezember 2018, Ressort Wirtschaft, Seite 26-27.

Hradetzky, Anja (2019): Wie ich als Cowgirl die Welt bereiste und ohne Land und Geld Bio-Bäuerin wurde. Dumont-Reiseverlag, Ostfildern

Hildebrandt, Tina und Pausch, Robert (2019): „Männer haben Spaß daran", Interview in: Die Zeit, 17. Januar 2019, Ressort Politik, Seite 2

Holste, Elke & Friedrich, Martin (2017): Führungs- kräfte-Monitor 2017. Update 1995–2015. DIW Berlin, Politikberatung Kompakt, Heft 121

Integrative Existenzgründung e. V. (2008): Mit interkultureller Vielfalt zum Erfolg. Unternehmerinnen und ihre Geschäftsideen. Broschüre

Kate Manne (2019): Down Girl. Die Logik der Mysogynie, Suhrkamp-Verlag, Berlin

Keller, Claudia & Ott, Ursula (2019): Bloß nicht gleich wieder Mitleid mit den Jungs! In: Chris- mon, Heft 9/2019, S. 28-31

Köhler, Wiebke (2019): Schach der Dame! Was Frau (und Mann) über Machtspiele im Management wissen sollten. BoD – Books on Demand, Nor- derstedt

Kruckeberg, Katja & Arnet, Felix Maria (2018): So kommen Frauen in Führung. Gabal-Verlag, Offenbach

Kümmel, Peter (2019): Weil sie wissen, was sie tun. In: Die Zeit, 11. Juli 2019, Ressort Feuilleton, S. 35

Kupsa, Jessica (2020): Hirnforscher: „Kinder machen sich aus Liebe zu Eltern selbst unglücklich". Gerald Hüther erklärt, wie wir Kindern unbewusst die Freude am Lernen nehmen und damit ihr Potenzial vernichten. In: Der Standard, 19. Januar 2020, derstandard.de/story/2000113370242/hirnforscher-kinder-machen-sich-aus-liebe-zu-eltern-selbst-ung-luecklich, Abruf am 26. Januar 2020

Libbertz, Jessica (2019): No Shame. Wie wir den Teufelskreis der destruktiven Scham verlassen. Verlag Gräfe und Unzer, München

Macho, Thomas (2011): Vorbilder. Fink-Verlag, München

Max-Planck-Institut für demografische Forschung, Rostocker Zentrum zur Erforschung des Demografischen Wandels, Bundesinstitut für Bevölkerungsforschung, Vienna Institute of Demography / Austrian Academy of Sciences und des Wittgenstein Centre for Demography and Global Human Capital (2019): Demografie aus erster Hand. 1. Quartal 2019, Berlin

Meuselbach, Sigrid (2015): Weck die Chefin in dir. 40 Strategien für mehr Selbstbehauptung im Job. Ariston-Verlag, Gütersloh

Modler, Peter (2017): Die freundliche Feindin. Weibliche Machtstrategien im Beruf. Piper-Verlag, München/Berlin

Modler, Peter (2011): Das Arroganz-Prinzip. So haben Frauen mehr Erfolg im Beruf. 8. Auflage, Krüger-Verlag, Frankfurt am Main

Möhn, Julia (1997): Die letzten Stunden auf der „Hindenburg". Ein ehemaliger Navigations-Offizier erinnert sich an die Katastrophe in Lakehurst vor 60 Jahren. In: „Die Welt" vom 6. Mai 1997, welt.de/print-welt/article636983/Die-letzten-Stunden-auf-der-Hindenburg.html, Abruf am 3. Februar 2020

Nguyen-Kim, Mai Thi (2019): Wir können keinen Schaum schlagen. In: Die Zeit, 7. März 2019, Ressort Chancen, Seite 55

Nienhaus, Lisa (2020): Das Zeitalter der Pionierinnen. In: Die Zeit vom 23. Januar 2020, Ressort Wirtschaft, Seite 21

Nitzsche, Isabell (2003): Spielregeln im Job. Wie Frauen sie durchschauen und für sich nutzen. Kösel-Verlag, München

Nitzsche, Isabel (2001): Erfolgreich durch Konflikte. Wie Frauen im Job Krisen managen. Wunderlich-Verlag, Reinbek bei Hamburg

Nitzsche, Isabell (2000): Abenteuer Karriere: ein Survival-Guide für Frauen. Rowohlt-Taschenbuchverlag, Reinbek bei Hamburg

Nowotny, Angelika (2014): 20 Jahre das gewand. Werkstatt für Kleiderkunst. Eigenpublikation, Düsseldorf

Obama, Michele (2018): Becoming. Meine Geschichte. Goldmann-Verlag, München

Passmann, Sophie (2019): Alte weiße Männer. Kiepenheuer & Witsch-Verlag, Köln

Ringelstein, Ronja (2018): Staatsministerin Monika Grütters: „Wir Frauen stellen unser Licht oft unter den Scheffel. In: Der Tagesspiegel vom 28. April 2018, tagesspiegel.de/berlin/kultur-staatsministerin-monika-gruetters-wir-frauen-stellen-oft-unser-licht-unter-den-scheffel/21224050.html, Abruf am 11. Februar 2020

Schaarschmidt, Theodor (2017): Die Macht der Vorbilder. Warum Vorbilder für Frauen wichtig sind. In: Spektrum der Wissenschaft vom 6. November 2017, spektrum.de/news/die-macht-der-vorbilder/1502701; Abruf am 6. Januar 2020

Sandberg, Sheryl (2015): Lean in. Frauen und der Wille zum Erfolg. Ullstein-Verlag, Berlin.

Sauer, Christian (2017): Der Stellvertreter. Erfolgreich führen aus der zweiten Reihe. Carl Hanser Verlag, München

Schmitz, Joachim (2018): Anneke Kim Sarnau: Ich bekam lange weniger Gage als Charly Hübner, In: Neue Osnabrücker Zeitung vom 9. Juni 2018, noz.de/deutschland-welt/medien/artikel/1253053/anneke-kim-sarnau-ich-bekam-lange-weniger-gage-als-charly-huebner#gallery&0&0&1253053, Abruf am 15. April 2020

Schneider, Barbara (2010): Fleißige Frauen arbeiten, schlaue steigen auf. Wie Frauen in Führung gehen. Gabal-Verlag, Offenbach

Statista (2018a): Frauenanteil in Führungspositionen in Deutschland nach Branchen. de.statista.com/statistik/daten/studie/575509/umfrage/frauenanteil-in-fuehrungspositionen-in-deutschland-nach-branchen/, Abruf am 17. August 2018

Statista (2018b): Frauenanteil in Führungspositionen nach Bundesländern. de.statista.com/statistik/daten/studie/182457/umfrage/frauenanteil-in-fuehrungspositionen-nach-bundeslaendern/, Abruf am 17. August 2018

Statistisches Bundesamt (o.J.): Qualität der Arbeit: Frauen in Führungspositionen, destatis.de/DE/Themen/Arbeit/Arbeitsmarkt/Qualitaet-Arbeit/Dimension-1/frauen-fuehrungspositionen.html, Abruf am 15. April 2020

Stokowski, Margarete (2018): Die letzten Tage des Patriarchats. Rowohlt-Verlag, Reinbek bei Hamburg

Stokowski, Margarete (2017): Untenrum frei. Schriftenreihe der Bundeszentrale für politische Bildung. Bonn

Tagesschau.de (2020): Studie einer UN-Agentur: Immer noch Vorbehalte gegenüber Frauen. Veröffentlicht am 6. März 2020, tagesschau.de/ausland/gleichstellung-109.html, Abruf am 3. April 2020

Tatje, Claas (2018): Die Schatzsucherin. In: Die Zeit, 30. August 2018, Ressort Wirtschafte, Seite 30

Tönnesmann, Jens (2018): Frauen, bitte gründen! In: Die Zeit, 13. Juni 2018, Ressort Wirtschaft, Seite 29

Ueberschär, Ellen (2012): Fürchtet euch nicht! Frauen machen Kirche. Verlag Kreuz, Freiburg im Breisgau

United Nations Development Programme (2020): 2020: Human Development Perspectives, Tackling social norms. A game changer for gender inequalities. undp.org/content/undp/en/home/news-centre/news/2020/Gender_Social_Norms_Index_2020.html, Abruf am 3. April 2020

Wahle, Ingeborg (2018): Wir haben die Wahl! 100 Jahre Frauenwahlrecht. 100 Frauen – aktiv für eine starke Demokratie und für ein gutes Leben. Hanns-Böckler-Stiftung, Düsseldorf

Westdeutsche Zeitung (2019): So entstehen die besten historischen Kostüme. In: WZ vom 31. Juli 2019, wz.de/nrw/duesseldorf/duesseldorferin-macht-die-besten-historischen-kostueme_aid-44681991, Abruf am 4. Februar 2020

Xing (2019): Gemeinschaft statt Hierarchie. Damit Potential entfaltet werden kann, braucht es mehr Mutmacher". Video-Interview mit dem Neurobiologen Gerald Hüther, veröffentlicht am 9. März 2019, xing.com/news/articles/gemeinschaft-statt-hierarchie-damit-potential-entfaltet-werden-kann-braucht-es-mehr-mutmacher-2123010, Abruf am 27. Januar 2020

Zimmermann, Olaf & Geißler, Theo (2017): Wie weiblich ist die Kulturwirtschaft. Dossier „Frauen in der Kultur- und Kreativwirtschaft". In: Politik & Kultur, Zeitung des Deutschen Kulturrates, Oktober 2017, Berlin

Dazu, dass aus einer Idee dieses Buch geworden ist,
haben einige Menschen beigetragen.

Ich möchte mich herzlich bedanken bei:

meinen persönlichen Spitzenkräften, auf die ich mich
so sehr verlassen konnte: Ulrich Wessollek, für die
treffenden Fotos und die Gespräche in Zügen und Bussen;
Stephanie Jegliczka für das fabelhafte Layout und die spontane
Fotosession für den Titel; Nikola Dicke und Anke Benstem
für das Korrektorat, die kritische Durchsicht der Texte, die
treffsicheren Impulse. Danke für eure überaus großzügige Hilfe.

den Frauen, die mir für das Buch Einblicke in ihr Leben
und ihre Arbeit gegeben haben.

Prof. Dr. Gudrun Sander für das Interview.

Silke Inselmann von der Stiftung Leben & Umwelt/
Heinrich-Böll-Stiftung Nds. für die zugewandten Telefonate.

Elisabeth und Matthias Zumbrägel, Volker Bajus, Tanja Langer,
Barbara Kolocek und Friederike Probert für Tipps.

Daniel Feistenauer für das Foto von Antje Boetius.

Jean Pascal Zahn für das Foto des Kostüms von Angelika Nowotny.

Katja Berlin für die Grafik zur Quote.

Prof. Dr. Heike Molitor und allen anderen,
die das Buch im Crowdfunding unterstützt haben.

dem oekom-Verlag.

bei den Gästen der Probelesung.

Heike, Anja, Niko, Käthe, Julia, Stephie, Eva, Ruth, Sonja, Albrecht
und meinen wilden Italienerinnen für liebevolle Unterstützung.

Frank, für alles, was er mir gegeben hat.

MACH MIT bei ArbeiterKind.de

Für alle, die als Erste in ihrer Familie studieren

Zuhören
Begleiten
Mut machen
Organisieren
Erfahrungen teilen
Die eigene Ge-schichte erzählen

> Ermutige Schülerinnen und Schüler zum Studium.

> Unterstütze Ratsuchende im Hochschulalltag.

> Bring dich in deine lokale Gruppe ein.

> Nutze unser spannendes Workshop-Angebot.

Kontakt: www.arbeiterkind.de E-Mail: team@arbeiterkind.de

Infotelefon: 030 679 672 750 Online-Netzwerk: http://netzwerk.arbeiterkind.de

Gestaltung: JennyWolle.de ®

Margrit Kennedy – eine Biografie

Margrit Kennedy (1939–2013) war besonders für ihr Engagement für komplementäre Währungen, aber auch als Ökologin und Frauenrechtlerin weltbekannt. Diese Biografie, für die ausführliche autobiografische Aufzeichnungen verwendet wurden, widmet sich ihren unterschiedlichen Tätigkeitsbereichen und gibt Einblicke in private Begebenheiten und Entwicklungen der »Geldexpertin«, die zu den prägenden Persönlichkeiten der Ökologiebewegung des 20. Jahrhunderts gehörte.

P. Krause
Margrit Kennedy
Architektin für Ökologie, komplementäre Geldsysteme
und soziale Gerechtigkeit
232 Seiten, Broschur,
26 Euro, ISBN 978-3-96238-202-5

Eine andere Digitalisierung ist möglich

Die Konferenz »Bits & Bäume« in Berlin bot das bis dato größte Debattenforum für Digitalisierung und Nachhaltigkeit. Über 50 Autor*innen aus Tech-Szene, Nachhaltigkeitsbewegung und Entwicklungszusammenarbeit zeigen in diesem Buch zur Konferenz, wie die Digitalisierung den sozial-ökologischen Wandel voranbringen kann. Das Autorenteam macht dabei deutlich: Eine zukunftsfähige Digitalisierung muss sich weniger an Interessen einzelner Wirtschaftsakteure, sondern am Gemeinwohl orientieren.

A. Höfner, V. Frick (Hrsg.)
Was Bits und Bäume verbindet
Digitalisierung nachhaltig gestalten
144 Seiten, Broschur, komplett vierfarbig,
mit zahlreichen Illustrationen,
20 Euro, ISBN 978-3-96238-149-3

Mehr als nur ein Dach über dem Kopf

Überall im Land werden gemeinschaftliche Wohnprojekte initiiert. Die Wohnprojekteszene wächst seit Jahren und entwickelt sich zu einer echten sozialen Bewegung. Lisa Frohn stellt zahlreiche Wohnprojekte vor, wirft ein Licht auf Erfolgsgeschichten und Hindernisse und ermutigt dazu, selbst aktiv zu werden. In diesem Buch zeichnet sie ein lebendiges Panorama anderen Wohnens und neuer Gemeinschaftlichkeit.

L. Frohn

Ab ins Wohnprojekt!
Wohnträume werden Wirklichkeit
344 Seiten, Broschur,
22 Euro, ISBN 978-3-96238-076-2

Amateure als Vorbilder für Profis

Laien gelten als dumm, Profis als kompetent. Dabei sehen Laien ihre Umwelt nicht durch Spezialistenbrillen und verdienen es, dass man ihre Arbeit ernst nimmt. Denn sie forschen ohne Überblicksverlust, Konkurrenzverhalten, Machthierarchien und Mitläufertum, die Teile der professionellen Forschung prägen. Die Zukunft einer nachhaltigen Kultur hängt auch von der Wertschätzung ab, die wir den Laien entgegenbringen.

P. Finke

Lob der Laien
Eine Ermunterung zum Selberforschen
240 Seiten, Broschur,
20 Euro, ISBN 978-3-96238-062-5

Für eine neue Form des Wirtschaftens

Nahezu alle Bereiche unseres Lebens sind von Wachstums- und Beschleunigungsdenken geprägt. Angesichts zahlreicher sozialer und ökologischer Krisen sind Alternativen dringend nötig. Ein möglicher Ausweg wird hier vorgestellt: Eine solidarische Lebensweise, die ohne ökonomische Wachstumszwänge auskommt.

M. Becker, M. Reinicke (Hrsg.)

Anders wachsen!
Von der Krise der kapitalistischen Wachstumsgesellschaft und Ansätzen einer Transformation
304 Seiten, Broschur,
19 Euro, ISBN 978-3-96238-031-1

Ökologische Herausforderungen meistern

Um ökologische Herausforderungen zu meistern, reicht es nicht zu fragen: »Was soll sich verändern?« Ebenso wichtig ist, wie wir Veränderungen tatsächlich realisieren können. Damit rücken die Erfolgsfaktoren für gesellschaftlichen Wandel in den Vordergrund. Kora Kristof stellt zentrale Erfolgsfaktoren und konkrete Wege zu einer erfolgreichen Transformation vor – für Politik, Zivilgesellschaft und wissenschaftliche Politikberatung.

K. Kristof

Wie Transformation gelingt
Erfolgsfaktoren für den gesellschaftlichen Wandel
216 Seiten, Broschur,
26 Euro, ISBN 978-3-96238-132-5